HAIE

Tetra

HAIE

Jeremy Stafford-Deitsch

Aus dem Amerikanischen von

Dr. Monika Niehaus-Osterloh

Vorwort von

Professor Samuel H. Gruber

Tetra

Bild Seite 1:
Die massige Silhouette eines Weißen Haies
gleitet unter der Wasseroberfläche dahin.

Bild Seite 2:
Herrscher über alles, was ihn umgibt,
durchstreift ein Grauer Riffhai die
verwunschene Unterwasserwelt eines
Korallenriffs im Roten Meer

IMPRESSUM

Tetra Verlag
Tetra-Werke Dr. rer. nat. U. Baensch GmbH
Postfach 15 80
4520 Melle 1

Englische Originalausgabe:
Erste Veröffentlichung 1987 bei HEADLINE Book Publishing PLC

2 Kendall Place, London W1H 3AH
ISBN 0-7472-0026-2

Gesetzt aus der Bodoni Antiqua

Satz: Fotosatz Hoffmann, Hennef
Lithos: Columbia Offset, Singapore
Druck: Mandarin Offset, Hong Kong

ISBN 3-89356-119-6

Inhalt

Vorwort

Schon als Junge, in Florida nah am Meer aufgewachsen, haben mich Haifische interessiert. Dieses Interesse nahm zu, als ich während der klinischen Vorsemester in vergleichender Anatomie einen Katzenhai präparierte. Aber es war das Zusammentreffen mit einem großen Hammerhai beim Gerätetauchen, das mich dazu veranlaßte, mein Leben und meine Karriere zu ändern und in Zukunft Haie zu studieren. Das ist jetzt mehr als dreißig Jahre her. Seit damals befasse ich mich mit einem der großartigsten und biologisch höchstentwickelten Geschöpfe der Welt. Das macht mich sehr glücklich. Im Verlauf meiner Untersuchungen bin ich mit anderen Haiforschern zusammengetroffen, darunter Jeremy Stafford-Deitsch.

HAIE ist gerade in unserer Zeit ein wichtiges Buch. Die Fischereiindustrie expandiert weltweit in alarmierendem Maße, die Fischbestände gehen deutlich zurück – entsprechend groß ist der Druck, der von Berufsfischern auf Haipopulationen ausgeübt wird; Haie sind schließlich Konkurrenten. Die jährliche Fangquote liegt deutlich über 500 Millionen kg Fisch. Das ist für viele Schwarmfische verkraftbar, aber nicht für Haie. Eine Millionen Jahre lange Evolution hat bei Haien zu einer ähnlichen Überlebensstrategie wie bei großen Walen geführt. Ihr Lebensrhythmus ist gekennzeichnet von sehr langsamem Wachstum, später Geschlechtsreife und niedriger Fortpflanzungsrate. Wir fanden zum Beispiel heraus, daß der Zitronenhai rund fünfzehn Jahre bis zur Geschlechtsreife benötigt; das Weibchen ist fast ein ganzes Jahr trächtig und pflanzt sich nur alle zwei Jahre fort. Mit einer Mortalitätsrate von 50 % im ersten Lebensjahr können Zitronenhaie ihren Bestand kaum aufrechterhalten. Glücklicherweise werden diese Haie normalerweise recht alt, doch wenn ihre Lebensspanne durch Überfischen verringert wird, dann kann das Ergebnis für die Art katastrophal sein. So sind zu unseren Lebzeiten bereits nicht weniger als fünf Haiarten so stark dezimiert worden, daß sie für den kommerziellen Fischfang ausfallen. Selbst der einst so reichhaltige Bestand an Nordsee-Dornhaien, die über Jahrhunderte den Fischanteil der beliebten „Fish and Chips“ für britische Imbißstuben lieferten, ist praktisch leergefischt.

Abgesehen von dieser offensichtlich kurzsichtigen Geschäftspolitik stellt sich die Frage: Was sind die biologischen Folgen, wenn man die Jäger, die an der Spitze des marinen Ökosystems stehen, derart dezimiert? Wir wissen es aus Beispielen auf dem Festland – das System wird empfindlich gestört. Wir müssen Haie jetzt schützen, doch wegen ihrer „schlechten Presse“ gibt niemand viel darum, wenn sie abgeschlachtet werden. Der schlechte Ruf von Haifischen ist unverdient. Zwar kommen durch Haie pro Jahr weltweit etwa 50 Menschen um, doch allein in Florida werden jährlich ca. 300 Leute vom Blitz erschlagen und 2000 sterben bei Autounfällen. Menschen hingegen töten im Jahr fast 100 Millionen Haie. Haie sind bedroht – aber das Abschlachten geht weiter, meist aus Unkenntnis der Fakten.

Haie gehören zu den ältesten und höchstentwickelten Meereslebewesen, die heute auf der Erde existieren. Die Bedeutung von Jeremy Stafford-Deitschs Buch liegt darin, den Lesern zu zeigen, daß es nicht einen Hai gibt, sondern eine Vielzahl ganz verschiedener Arten. Wie in keinem anderen Buch, das ich kenne, spiegeln seine Fotos Vielfalt, Kraft und Schönheit

Samuel Gruber mit einem jungen Tigerhai auf dem Forschungsschiff *Cape Florida* in Bimini, auf den Bahamas.

der Haie in ihrer natürlichen Umgebung wider. Ich glaube, es ist wichtig, daß Haie in das Blickfeld der interessierten Öffentlichkeit rücken – nicht als Fabelwesen, sondern in ihrer biologischen Realität. Dabei spielt der Wunsch nach Artenschutz natürlich mit – aber daneben glaube ich, daß jeder, der das Meer kennt und liebt, ein Interesse daran hat, die vielen Rätsel, die Haie auch heute noch umgeben, zu entschlüsseln. Wer dieses Buch liest und die einzigartigen Fotos darin betrachtet, wird Haie sicher besser verstehen, ja vielleicht sogar bewundern lernen.

Dr. Samuel H. Gruber
Professor of Biology and Living Resources
Universität von Miami, Florida, USA

Vorbemerkung der Übersetzerin

Noch nie ist mir so stark wie bei diesem Buch aufgefallen, daß Englisch die Sprache einer seefahrenden Nation ist. Im Angelsächsischen gibt es für fast alles, was im Meer kreucht und fleucht, umgangssprachliche Namen – im Deutschen hingegen nur ganz wenige. Und wenn doch, dann zeugen diese Namen nicht gerade von Phantasie und Beobachtungsgabe: Worunter können Sie sich mehr vorstellen – unter einem Gemeinen Grundhai oder einem „bull shark", einem Bullenhai? Um nicht ständig auf die meist zungenbrecherischen wissenschaftlichen Namen zurückgreifen zu müssen, habe ich die oft sehr anschaulichen englischen Trivialnamen ins Deutsche übernommen – zur Beruhigung meines zoologischen Gewissens in Anführungsstriche gesetzt. Vielleicht werden sie ja irgendwann zu gängigen deutschen Bezeichnungen…

Dr. Monika Niehaus-Osterloh

Kapitel 1

Einleitung

Die Natur hat sich verändert. Das Landschaftsbild unseres Planeten wird heute weitgehend vom Menschen geprägt. Abgesehen von ein paar verstreuten Außenposten — Wüsten, Polarzonen und einigen hochgelegenen Bergregionen — gibt es nur wenig, was noch nicht von uns berührt und umgeformt worden ist.

Kein Wunder, daß das Meer für uns das Unbekannte, Geheimnisvolle widerspiegelt, denn es erscheint uns auch heute noch unberührt, eine ungezähmte Naturgewalt. Die scheinbar unbegrenzte Fähigkeit der Ozeane, ihre Wunden unter der Oberfläche zu verbergen, so daß sie uns stabil und unveränderlich vorkommen, ist gleichzeitig ihr Verhängnis. In Wahrheit ist die See heute mehr bedroht als bedrohlich. Verschmutzung, Überfischung und mutwillige Zerstörung haben ihren Preis gefordert.

Dennoch bleibt die Faszination des Meeres für uns ungebrochen. Wir erkennen in ihm eine andere, oft feindliche Welt, in die wir auf eigene Gefahr eintreten — doch ist sie auch eine Quelle von Reichtümern, die wir plündern können. Und sie wird von Geschöpfen bewohnt, die uns nur allzuoft als Fabelwesen erscheinen. Da sind die mächtigen Wale, gutmütig und fremden Göttern gleich. Die Steingärten der Korallenriffe werden von farbenprächtigen Fischschwärmen durchzogen, und immer lauert im Hintergrund der gefürchtete Schatten des Haies. Denn in dieser mythischen Welt der Verallgemeinerungen symbolisiert „Hai" all das, was uns böse und primitiv erscheint: riesige Geschöpfe, die lautlos aus den Tiefen des Meeres herangleiten, um arglose Schwimmer im flachen Küstengewässer anzugreifen. Dieser Eindruck ist von den Medien eifrig gepflegt worden — Haie wurden zu mittelalterlichen Dämonen hochstilisiert.

Es stimmt, daß einige Haiarten gelegentlich Menschen angreifen. Solche Attacken sind natürlich schrecklich, doch die kollektive Hysterie, die dadurch ausgelöst wird, steht in keinem Verhältnis zum Vorfall und vermittelt uns einen ganz falschen Eindruck von diesen Tieren. Das liegt nicht nur an dem Schock, den ein solcher Angriff mit sich bringt. Nein, wir sind über Jahrhunderte, in denen unser Leben immer sicherer und sicherer wurde, zu der Überzeugung gekommen, daß wir irgendwie über der natürlichen Ordnung der Dinge stehen: WIR sind nicht dazu da, aufgefressen zu werden. Daher sieht man einen Hai, der einen Menschen angreift, mit Abscheu und Entsetzen an. Der Hai wird zu einer hassenswerten Kreatur, die eine goldene Regel gebrochen hat. Der Hai muß gefangen und vernichtet werden. Der Wunsch nach Rache und Vergeltung erfüllt selbst die kühlen Köpfe unter uns.

Doch diese Einstellung beginnt sich zu verändern. Taucher erleben Haie in ihrer natürlichen Umgebung und erinnern sich dieser Erfahrung mit großer Freude. Denn zu den Haien gehören einige der schönsten Geschöpfe

Zuerst entdeckt ein Taucher einen Hai meist als dunkle Silhouette vor dem hellen Hintergrund des Korallenriffs. Die Neugier eines Haies ist nur kurzlebig, und so zieht er bald seiner Wege. Der Taucher vergißt den Hai meist nicht so schnell wie der Hai den Taucher.

auf diesem Planeten, auch einige der gewandtesten und stärksten Räuber, und doch sind Angriffe von Haien auf Menschen extrem selten. Wie tragisch solche Ereignisse auch sind, sie rechtfertigen nicht die kollektive Vernichtung aller Haie.

Wissenschaftliche Untersuchungen an Haien ersetzen allmählich Mythen und Aberglauben durch Fakten. Während sie in populären Naturkundebüchern einst als „perfekte Freßmaschinen, seit Hunderten von Millionen Jahren unverändert" beschrieben werden, sind sie in Wahrheit in Körperbau und Verhalten höchst moderne und effiziente Räuber. Während Wissenschaftler Haie studieren, wächst und vertieft sich unser Verständnis für diese wundervollen Geschöpfe. Aus „Geißeln der Meere, die keinen nützlichen Zweck erfüllen", werden Räuber, die an der Spitze ihrer Nahrungskette stehen. Ihre Bedeutung für die Lebensgemeinschaft im Meer kann gar

nicht hoch genug eingeschätzt werden, denn sie tragen durch Jagd und Auslese entscheidend zur „Fitness" ihrer Beutepopulationen bei.

Doch noch 1965 beschrieb der große Ichthyologe J. L. B. Smith in einer Arbeit über die Haie in den Gewässern um Südafrika den Gemeinen Grundhai als „häßliches und gefährliches Biest" oder den Weißhai als „Schrecken aller, die sich ins oder aufs Wasser wagen". Wenn Sie heutzutage einen modernen Haiforscher (oder Elasmobranchologen) fragen, werden Sie anstatt Abscheu Faszination, ja Bewunderung finden. Untersuchungen weisen bei verschiedenen Haiarten auf ein kompliziertes Sozialverhalten hin, wie man es bisher bei diesen Fischen nicht vermutet hat. Weiterhin hat es in den letzten Jahren bedeutende Fortschritte bei der Klassifizierung von Haien gegeben. Noch vor zehn Jahren waren Haie ein Alptraum für jeden Systematiker. Dieselbe Art tauchte in verschiedenen Teilen der Welt auf und erhielt prompt an jedem Ort einen anderen wissenschaftlichen Namen; verschiedene Arten in einer Region wurden jedoch aufgrund oberflächlicher Ähnlichkeiten oft „in einen Pott" geworfen. Dieses Durcheinander wirkte sich natürlich auch auf die populäre Literatur über Haie aus: Je mehr man las, desto verwirrter wurde man. Heute ist die Situation sehr viel klarer – doch nicht ohne gelegentliche große Überraschungen.

Im Jahre 1976 ankerte ein Forschungsschiff der US-Marine vor der hawaiischen Insel Oahu. Als die Mannschaft den Anker lichten wollte, fand sie einen großen Hai in den Kabeln verheddert. Der Fisch hatte anscheinend versucht, den buntbemalten Ankerknauf zu verschlingen. Der Hai war so groß – 4,5 m – und sah so sonderbar aus, daß ihn die Matrosen an Bord hievten. Er wurde zum Waikiki-Aquarium gebracht und dort vom Direktor, Leighton Taylor, genauer untersucht. Der schlaffe Kadaver wog über 726 kg und ähnelte keinem der bis dahin bekannten Haie. Dieser Hai besaß ein Maul voll winziger Zähne, und eine Analyse des Mageninhalts zeigte, daß er sich von kleinen Hochsee-Garnelen und ähnlichem ernährte. Wie die Kiemenstruktur erkennen ließ, war er ein Filtrierer: Anstatt große Beute im Ganzen zu verschlingen oder Stücke herauszubeißen, siebt dieser seltsame Hai mit seinen umgebauten Kiemen Nahrungspartikel aus dem Wasser. Die Kiemen tragen dünne Fortsätze, die sogenannten Kiemenreusen-Papillen, die in den Kiemenspalten feine Netze bilden. Der Hai schwimmt mit offenem Maul durchs Wasser und schluckt jegliches organische Material, das sich in den Kiemenreusen verfängt. Bis zu diesem Zeitpunkt waren die beiden größten Haiarten – der Walhai, *Rhinocodon typus*, und der Riesenhai, *Cetorhinus maximus* – die einzigen bekannten Filtrierer. Plötzlich gab es eine dritte Art. Grundsätzlich ernährt sich der „Neuling" auf die gleiche Weise wie Wal- und Riesenhai, doch er benutzt zusätzlich einen Trick zum Beutefang: Rund um sein Maul sitzen Reihen kleiner Leuchtorgane, die wie Glühwürmchen leuchten. Viele Meerestiere verfügen über solche Leuchtorgane, doch bei Haien findet man sie nur selten. Bei dieser neuen Art dienen sie vermutlich dazu, kleine Garnelen und Plankton in das riesige Maul des Haies zu locken.

Daß ein so großes Tier so lange unentdeckt bleiben konnte, ist erstaunlich. Wissenschaftler in aller Welt begrüßten die Entdeckung mit ungläubigem Erstaunen. Wegen seines großen Maules wurde der Fisch „Riesenmaul-Hai", *Megachasma pelagios*, getauft. Er unterschied sich so sehr von allen anderen bekannten Haien, daß man ihn in eine eigene Familie stellte – die *Megachasmidae*. Seit dieser Entdeckung ist bisher nur ein einziger weiterer Riesenmaulhai ins Netz gegangen; das war 1984 vor Catalina Island, Kalifornien.

Auch ohne solche spektakulären Entdeckungen sind Haie faszinierende Geschöpfe. Mein eigenes Interesse an Haien und anderen Meeresgeschöpfen datiert aus meiner Kindheit, aus Sommerferien in Frankreich, am Mittelmeer. Ich muß etwa zehn Jahre alt gewesen sein, als ich zum erstenmal schnorchelte. Die Unterwasserlandschaft war dort wegen Überfischung, Harpunieren und Verschmutzung vergleichsweise eintönig, doch ich fand soviel Interessantes, daß ich oft Stunden mit Schnorcheln verbrachte.

Nach einiger Zeit glaubte ich, aktiver werden zu müssen, und begann, Fische zu speeren. Einige Jahre lang jagte ich die scheuen, kleinen Fische, die zwischen den Felsen hin- und herschossen, bis ich diesen ziemlich primitiven und sinnlosen Sport mit dreizehn oder vierzehn Jahren wieder aufgab. Eines Nachmittags, nachdem ich wieder eine Menge ungenießbarer Fische erlegt hatte, traf ich auf einen kleinen Tintenfisch, der über dem Boden schwebte. Mutig speerte ich ihn und beobachtete dann, wie er, harpuniert, im Todeskampf von einer zur anderen Farbe wechselte. Was ich nicht bemerkt hatte, war ein zweites Tier, das sich in der Nähe befand. Der andere Tintenfisch glitt zu seinem sterbenden Artgenossen herüber, umfaßte ihn mit seinen Tentakeln und versuchte, ihn zu befreien. Ich habe seitdem niemals mehr einen Speer benutzt.

Nach dem Schnorcheln kam das Gerätetauchen, obwohl ich lange betteln mußte, bis meine Familie mir die Erlaubnis dazu gab. Normalerweise beträgt das Mindestalter dazu fünfzehn Jahre, doch ich überzeugte den örtlichen Tauchclub schließlich davon, mich bereits mit dreizehn aufzunehmen. Etwa um diese Zeit sah ich Peter Gimbels packenden Film „Blaues Wasser, Weißer Tod“ zum ersten Mal. In diesem Film machen sich einige Taucher — Stan Waterman, Ron und Valery Taylor — weltweit auf die Suche nach dem großen Weißen Hai. Sie machten wundervolle Unterwasseraufnahmen von Weißspitzen-Hochseehaien, die vor der Küste von Durban, Südafrika, an einem Walkadaver fraßen. In Südaustralien baten sie Rodney Fox, selbst Überlebender einer Weißhai-Attacke, ihnen Weiße Haie vor die Kamera zu locken. Damals im Kino, völlig gefangen von diesem einmaligen Film, hätte ich mir niemals träumen lassen, daß ich Rodney später einmal treffen und selbst Weiße Haie fotografieren würde.

Mit sechzehn Jahren luden mich meine Großeltern während der Ferien auf die Keys nach Florida ein. Dort gibt es herrliche Korallenriffe, in denen sich zahllose Fischschwärme tummeln. Ich nutzte jede Gelegenheit, um in den Riffen zu tauchen, und machte erste, noch recht „verschwommene“ Versuche mit Unterwasserfotografie. Ich hielt auch nach Haien Ausschau — ohne Erfolg. Zu der Zeit war gerade Peter Benchleys Story „Jaws“ erschienen, und die Vorbereitungen zum Film liefen. Anders als viele andere Leser wurde ich bei der Lektüre nicht vom Haifieber gepackt. Da ich mich bereits seit längerem für Haie interessierte, war mir klar, daß die Story mit Vorsicht zu genießen war. Ich versuchte, möglichst viele Informationen über Haie zu ergattern, und kämpfte mich durch eine Menge unwahrscheinlicher Geschichten und wilder Übertreibungen. Doch es gab auch einige Leute, deren Aussagen man Vertrauen schenken konnte. Einer davon war Tiny Wirs, der ein Geschäft mit Tauchausrüstungen führte. Tiny (engl. = winzig) — 1,90 m groß und 113 kg schwer — ist wohl schon getaucht, bevor er laufen konnte. Er sieht so aus, wie man sich einen kühnen Taucher vorstellt: massig, mit buschigem Bart und humorvollen Augen. Er kennt eine Menge guter Haigeschichten aus seiner Zeit als Schatzsucher und Bergungstaucher in Florida und auf den Bahamas. Ich fragte ihn wieder und wieder nach seinen Abenteuern mit Haien, und er wurde nie müde, meine Neugier zu stillen. Bei einer seiner besten Geschichten geht es um ein Wrack, das er 1963 auf den Bahamas bergen sollte. Tiny arbeitete mit einer Unterwasser-Saugpumpe: Das ist ein langer Schlauch, mit dem man Sand vom Grund absaugt, um zu sehen, was sich darunter verbirgt. Es ist nicht einfach,

Tiny Wirs fotografiert Riff-Fische in den Florida Keys. Er benutzt eine Nikon-Unterwasser-Kamera. Über seiner rechten Hand ist ein Lichtmesser zu erkennen; an der Seite der Kamera befindet sich ein Blitzgerät, das die natürlichen Farben, die unter Wasser absorbiert werden, wiederherstellt.

das Gerät ruhig zu halten, und Tiny mühte sich damit ab, während der Sand in großen Wolken um ihn herumwirbelte. Plötzlich verspürte er einen dumpfen Schmerz in seinem rehten Fuß, und er schüttelte ihn. Zu seiner Überraschung schüttelte der Fuß zurück. Als er niedersah, erkannte er einen Hai von etwa 1,25 m Länge, der sich in seinem Tauchstiefel verbissen hatte. Verzweifelt versuchte Tiny, den hartnäckigen Hai von seinem Fuß wegzuzerren. Nur die Dicke seiner Tauchstiefel hinderte den Hai daran, seinen Fuß einfach abzubeißen. Schließlich gelang es ihm, obwohl schon sehr erschöpft, den Hai in den Bauch zu stechen – und das ist gar nicht einfach, denn Haie haben eine sehr zähe Haut. Doch das Tier ließ nicht los und begann sich statt dessen noch zu winden. Da er das Messer nicht länger halten konnte, ließ er los und schickte ein Stoßgebet zum Himmel, der Hai möge den Kampf aufgeben und davonschwimmen. Zu seiner großen Erleichterung ließ das tödlich verwundete Tier (wohl ein kleiner Mako) seinen Fuß endlich los und schwamm davon. Tiny ist auch heute noch davon überzeugt, daß der Hai ihn irrtümlich angegriffen hat: Der aufgewirbelte Sand nahm ihm die Sicht, und die Erschütterungen, die die Pumpe verursachte, lockten ihn an. Er hielt den Fuß wahrscheinlich für einen zappelnden Fisch.

Während ich weiter tauchte in der vergeblichen Hoffnung, Haie zu sehen, verbrachte mein Bruder Nicholas, der mich nach Florida begleitet hatte, die meiste Zeit mit Angeln. Eines Abends kam er ganz aufgeregt von seinem Trip zurück: Er hatte auf einem Felsen gesessen, mit den Füßen im Wasser planschend. Während er überlegte, ob er seine Ausrüstung zusammenpacken und nach Hause gehen sollte, schwamm eine riesige graue Silhouette mit hoher Geschwindigkeit ganz nah an ihm vorbei. Eine große, dünne Rückenflosse durchschnitt die Wasseroberfläche, und dann konnte er einen rechteckigen Kopf erkennen, bevor die eleganten Schwünge seiner Schwanzflosse das Tier davontrugen. Er identifizierte es als einen Großen Hammerhai, den größten und eindrucksvollsten Vertreter dieser Familie, von mindestens 4 m Länge. Von Hammerhaien ist bekannt, daß sie die flachen Gewässerzonen der Florida Keys aufsuchen, um zu fressen, besonders in der Abenddämmerung.

Meine Enttäuschung wuchs. Immer noch war mir kein Hai begegnet. Ich wollte ihn unbedingt unter Wasser sehen, darum schorchelte ich ein paar Tage später mit Tiny und einigen anderen Tauchern um ein Wrack, das nur wenige Meter unter der Oberfläche auf einer Korallenbank innerhalb des Hauptriffs festsaß. Das Wasser war nicht sehr klar, aber Tiny meinte, es sei ein guter Platz, um auf Haie wie den Gemeinen Grundhai zu treffen — sie mögen flaches Wasser und Wracks, da sich in deren Nähe oft Beutetiere ansammeln. Ich packte meine Kamera und war als erster im Wasser, um nach Haien Ausschau zu halten. Ich bekam keinen zu sehen, daher schnorchelte ich noch eine Weile umher und kletterte ins Boot zurück. Der zweite Taucher, der ins Wasser sprang, landete direkt auf einem erschrockenen Hai — der Hai flüchtete in die eine, der Taucher in die andere Richtung. Ich schien nicht viel Glück mit Haien zu haben.

Später am Tag überredete ich Tiny, mich mit auf einen speziellen Hai-Tauchausflug an eine Stelle unter einer Boje mitzunehmen, an der Fischer schon oft große Fischschwärme und meterlange Haie beobachtet hatten. Nicholas kam mit, um nach unserem Tauchgang einen Hai zu angeln (ein Interessenkonflikt, der zwischen Fischern und meinesgleichen seitdem ständig andauert).

Am nächsten Tag erschien Tiny zum Tauchen mit einem Haistock. Das ist eine Unterwasser-Waffe, mit der man sich gegen Haie verteidigen kann (theoretisch zumindest!). Ein solcher Stock ist nichts anderes als ein Stab mit einer Kammer an einem Ende, in der sich ein Geschoß oder eine Sprengladung befindet. Die Patrone muß wasserdicht sein, was gar nicht so einfach ist. Leim- oder Lacküberzüge sind meist ganz brauchbar, doch selbst dann leckt die Patrone oft und zündet nicht. Ein Haistock, der einen angreifenden Hai im richtigen Winkel trifft und im richtigen Augenblick detoniert, ist sicherlich eine wirksame Waffe. Die expandierenden Gase reißen den Körper auf und verwunden bzw. töten das Tier. Es sei aber darauf hingewiesen, daß die Chancen, den Hai im richtigen Winkel zu treffen, recht gering und Haistöcke daher höchst unzuverlässige Waffen sind. Sie können sogar gefährlich sein, wenn sie dem Taucher ein trügerisches Gefühl von Sicherheit vermitteln. Daher war ich nicht erstaunt, als Tiny mir eine kurze Stahlstange aushändigte, um Haie zu vertreiben, und den Haistock selbst nahm.

Wir erreichten unseren Tauchplatz bei unangenehm kabbeliger See. Als Tiny und ich uns über Bord schwangen, dümpelte das Boot in der Dünung. Ich wollte möglichst schnell nach unten in tiefere und ruhigere Zonen, aber vor allem wollte ich Haie sehen. Tiny, der als erster tauchte, entdeckte einen kleinen Tigerhai, der schleunigst davonschwamm. Als ich kam, war nichts mehr von ihm zu sehen. Wir tauchten bis zum Grund und schauten uns um. Es war ein flaches, konturloses Terrain mit kleinen, abgebrochenen Korallenformationen. Es gab kaum Fische. In dieser kargen Umgebung und in diesem klaren Wasser fühlte ich mich schutzlos verwundbar. Jeden Moment erwartete ich, irgendwo einen massigen Schatten zu erkennen, der sich uns näherte. Tiny nahm sein Tauchermesser und begann, es gegen sein Atemgerät zu schlagen, in der Hoffnung, durch den Klang Haie anzulocken.

Das laute, weithin hörbare Geräusch verhallte irgendwo in der Dunkelheit. Ich wünschte insgeheim, er möge aufhören, soviel Krach zu machen, und ich begann sogar zu hoffen, daß nichts auftauchte. Tiny fuhr fort, sein Messer gegen seinen Tank zu schlagen — ein Trick, den ich seitdem mit gutem Erfolg übernommen habe. Aber damals erschien kein einziger Hai. Statt dessen näherte sich ein großer Barrakuda, etwa 1,50 m lang, schwamm neugierig näher und starrte uns aus großen, dunklen Augen an. Dann schwamm er mit lässiger Anmut davon.

Wir haben's nicht nochmal versucht. Tinys Boot war von regulären Tauchern weitgehend ausgebucht, und es allein auf Hörensagen hin ein zweites Mal zu probieren wäre nur Zeitverschwendung gewesen. So hoffte ich immer noch vergeblich auf meine erste Begegnung mit Haien. Ich stellte mir diese kraftvollen Schwimmer vor, wie sie vor der Küste kreuzten und sich gelegentlich sogar in Flachwasser von 1 m Tiefe oder weniger wagten. Aber ich bekam sie nicht zu Gesicht. Allmählich wurde mir klar, daß Haie sehr viel seltener und scheuer sind, als die meisten Leute glauben — und das hat sich mit zunehmender Erfahrung bestätigt.

Gespräche mit ortsansässigen Fischern verliefen enttäuschend. Sie konnten mir von den fetten Tigerhaien erzählen, die sie aus tiefgelegenen Wracks ins Boot gehievt hatten, oder von den Gemeinen Grundhaien mit den dikken Köpfen, die sie in Küstennähe fingen. Aber ich wollte die Tiere in ihrer natürlichen Umgebung sehen. Die Kadaver, die mir die Fischer so stolz zeigten, konnte ich nur mit Bedauern betrachten. Mit stummer Entrüstung lauschte ich den Geschichten, wie der Hai geködert worden sei und was für einen Kampf er geliefert habe, bevor er endlich an Land gezogen werden konnte.

Obwohl Haie schon zur Leidenschaft bei mir geworden waren, sollte es noch sechs Jahre dauern, bis ich wirklich zusammen mit großen Haien tauchte und sie aus der Nähe fotografieren konnte. Das war vor der Bahama-Insel Long Island — siehe Kapitel 3.

Wäre mir bei meinen frühen Tauchversuchen ein Hai begegnet und geneigt gewesen, vor meiner Kamera zu posieren — ich zweifele sehr, ob ich ein gutes Foto zustande gebracht hätte. Ich hatte noch viel über Tauchen und Fotografieren zu lernen — nicht zuletzt, beides gleichzeitig zu tun.

Beim Gerätetauchen mit Preßluft trägt der Taucher seinen Luftvorrat in einer oder mehreren Flaschen auf dem Rücken; Preßluft ist normal zusammengesetzte Luft, die lediglich in Stahlbehältern komprimiert ist und unter Druck steht. Um 1943 entwickelte nun der Franzose Jacques Cousteau zusammen mit dem Ingenieur Emile Gagnan ein Ventil, das dem Taucher die Luft nach Bedarf und automatisch richtig dosiert durch ein Mundstück zuleitet. Die eingeatmete Luft hat dabei denselben Druck wie das Wasser, das den Taucher umgibt: Je tiefer er taucht, desto höher ist also der Druck der Luft, die er einatmet. Wäre das nicht der Fall, dann müßte er unweigerlich ersticken: Seine Lungen würden unter dem steigenden Druck der Wassermassen zusammengequetscht.

So ausgerüstete Preßluft-Geräte werden auch als „Aqualungen" oder als „Scuba" (aus dem Englischen: Self-Contained Underwater Breathing Apparatus) bezeichnet. Diese Erfindung machte den Taucher im Wasser relativ frei beweglich — jedenfalls im Vergleich zu ihren bleibeschuhten und behelmten Vorgängern, deren Luftvorrat von der Oberfläche durch Schläuche nach unten gepumpt werden mußte. Die Tauchermaske ermöglicht dem Taucher heutzutage ein freies Sichtfeld, und Flossen verbessern seine Schwimmfähigkeit beträchtlich (Obwohl er noch immer langsamer ist als fast alles, auf das er trifft und das sich überhaupt bewegen kann!). Ein wasserdurchlässiger „nasser" Taucheranzug schenkt genügend Wärme für alle bis auf die kältesten Gewässer. Der nasse Anzug ist ein körperumschließendes Gewand, meist aus Neopren-Gummi, durch das ein wenig Wasser eindringen kann. Dieses Wasser bildet eine dünne Schicht zwischen Anzug und Haut, wird vom Körper erwärmt und schützt dann den Schwimmer vor Auskühlung. Ein „trockener" Anzug ist hingegen vollständig undurchlässig für Wasser, und der Taucher trägt schwere wollene Unterkleidung, um sich warm zu halten. Man benötigt ihn höchstens in arktischen Regionen; die meisten Taucher bevorzugen nasse Anzüge.

Das Neopren-Material des nassen Anzugs enthält Millionen winziger Gasblasen, die dem Taucher Auftrieb verleihen. Daher benötigt der Taucher, um abzusinken, einen Gürtel mit Bleigewichten. Die meisten Taucher tarieren ihr Gewicht so aus, daß sie schwerelos im Wasser schweben oder etwas schwerer sind und langsam sinken. Je tiefer der Taucher kommt, um so stärker werden die Blasen in seinem Anzug zusammengepreßt und verleihen ihm daher entsprechend weniger Auftrieb; er wird also schwerer. Früher stand ein Taucher vor einem verzwickten Problem: Wenn er tief tauchen wollte, dann benötigte er vielleicht an der tiefsten Stelle wegen des Kompressionseffektes überhaupt keine zusätzlichen Bleigewichte. Aber er brauchte erst einmal Gewichte, um überhaupt dorthin zu kommen. Das führte oft dazu, daß Taucher in der Tiefe sehr schwer waren, was nicht nur das Schwimmen behinderte, sondern auch ziemlich beunruhigend war. Ich erinnere mich gut an meine ersten tieferen Tauchgänge, nach denen ich mich mühsam an den Korallenwänden wieder heraufhangeln mußte. Heutzutage löst man dieses Problem einfach mit einer Schwimmweste, deren Auftrieb regulierbar ist (adjustable buoyancy lifejacket = ABLJ). Durch einen Schlauch am Regulator kann Luft in die Weste gefüllt (und so der Auftrieb erhöht werden) oder durch Knopfdruck ins Wasser abgelassen werden. Nun ist es kein Problem mehr, in jeder Tiefe genau das richtige Gewicht zu haben. Das macht Tauchen insgesamt sehr viel einfacher und ist besonders für Unterwasserfotografen ein gewaltiger Fortschritt. Da der Taucher mit der regulierbaren Schwimmweste eine weitaus bessere Kontrolle über seinen Auftrieb hat, kann er an jeder gewünschten Stelle schweben und sich auf seine Aufnahmen konzentrieren.

Natürlich hat Gerätetauchen auch seine Nachteile. Es gibt zwei Hauptprobleme, die daraus resultieren, daß man Luft unter erhöhtem Druck einatmet. Das erste Problem ist die Druckluft- oder Taucherkrankheit, das zweite die Bewußtseinstrübung, die Cousteau so treffend als „Tiefenrausch" bezeichnet hat; beide werden durch Stickstoff verursacht. Je größer die Tauchtiefe und damit der Außendruck, desto mehr gasförmiger Stickstoff aus der Atemluft löst sich im Blut bzw. Gewebe. Ein Taucher plant seinen Tauchgang entsprechend; er weiß, wie lange er in einer bestimmten Tiefe bleiben kann, ohne zuviel Stickstoff aufzunehmen. Wenn er länger verweilt, dann muß er beim Wiederauftauchen mehrere Zwischenstopps einlegen, um einen langsamen Druckausgleich zu erzielen. Während dieser „Dekompressions-Stopps", die in bestimmten Tiefen für einen bestimmten Zeitraum durchgeführt werden müssen, kann der Stickstoff aus dem Gewebe in die Lungen eintreten und anschließend gefahrlos ausgeschieden werden. Wer diese Stopps nicht einhält, geht das Risiko ein, von der Taucherkrankheit befallen zu werden: Der gelöste Stickstoff wird beim Auftauchen — d.h. bei sinkendem Außendruck — wieder gasförmig und bildet im Blut Blasen, die die Blutgefäße verstopfen und damit zu schweren Gesundheitsschäden, ja zum Tod führen können. Um dem vorzubeugen, benutzt jeder Taucher eine Tauchuhr, um seine Tauchzeit zu stoppen, und ein Druck- bzw. Tiefenmeßgerät. Je tiefer man taucht, desto kürzer die Zeit, die man dort verbringen kann, will man Zwischenstopps zur Dekompression vermeiden. So kann ein Taucher beliebig lang ohne Dekompression in Tiefen bis zu 9 m verweilen; taucht er 20 m tief, so muß er nach etwa 45 Minuten wieder auftauchen, bei 50 m schon nach nur 7 Minuten. Die Einzelheiten der Taucherkrankheit sind noch nicht voll verstanden. Die meisten Taucher gehen daher lieber sicher und legen auch dann Zwischenstopps ein, wenn es theoretisch nicht notwendig ist.

Bewußtseinsveränderungen durch überhöhte Stickstoffkonzentration im Blut sind ein anderes, schwerwiegendes Problem beim Tieftauchen. Stickstoff, unter Druck eingeatmet, wirkt ähnlich wie eine Droge. Dabei reagiert jeder Taucher anders: Der eine fühlt sich vielleicht schon bei 20 m Tiefe berauscht, der andere bemerkt bis zu 40 m kaum eine Wirkung. Auch die Symptome variieren: Der eine kommt sich leicht und gelöst — fast unüberwindlich — vor, wenn er in Wirklichkeit äußerst vorsichtig sein sollte.

Ein Hai, der plötzlich ganz in der Nähe auftaucht, kann einen ganz schön aus der Fassung bringen, besonders dann, wenn man ihn erst im letzten Moment bemerkt. Hier in den Gewässern der Bahamas schleicht sich ein Karibischer Riffhai von hinten an Jason heran.

Ein anderer verliert womöglich seinen Richtungssinn und wird vollkommen hilflos. Man weiß von Tauchern, die unter dem Einfluß des Tiefenrausches ihr Mundstück abgenommen und ihren Luftvorrat vorbeischwimmenden Fischen angeboten haben. Taucht man tiefer als 50 m, so verschärfen sich die Probleme, was Aufenthaltsdauer, Dekompressionsstopps und Tiefenrausch angeht. Sporttauchern wird daher angeraten, nicht tiefer als 50 m zu tauchen. Doch einige der interessantesten Ereignisse spielen sich in dieser Tiefe ab. Ich bin oftmals 50 m und tiefer getaucht; glücklicherweise reagiere ich auf den Tiefenrausch so, daß ich kein großes Risiko eingehe. Während die meisten Leute ein Gefühl von Unsterblichkeit empfinden, geht es mir eher umgekehrt. Ich werde mir meiner Umgebung stärker bewußt und fühle mich besonders verwundbar, was nicht heißt, daß ich nicht berauscht bin. Bei 70 m kann dieser Rausch sehr stark werden — ich überprüfe dann Tauchtiefe, Zeit und Luftvorrat alle paar Sekunden!

Gerätetauchen ist so riskant, daß die goldene Tauchregel lautet: Tauche niemals allein! Für den Fotografen ist das nur schwer zu befolgen, denn Taucher wollen gewöhnlich herumschwimmen und möglichst viel sehen, während der Unterwasserfotograf sich ein Motiv aussucht und dann dort länger verweilt. Wenn daher ein Taucher und ein Fotograf ein Team bilden, sind beide unglücklich: der Taucher, weil er ständig auf den Fotografen warten muß, und der Fotograf, weil er sich ständig vom Taucher angetrieben fühlt. Natürlich kann man zusammen mit einem anderen Fotografen tauchen, aber das geht selten gut: Meistens führt es dazu, daß sich beide ums selbe Motiv schlagen. Daher ziehen es viele gute Unterwasserfotografen trotz des erhöhten Risikos vor, allein zu tauchen.

Aber allein zu tauchen bringt auch Vorteile, denn viele Tiere sind dann weniger scheu. Das gilt nicht nur für so kleine Geschöpfe, wie Riff-Fische, sondern auch für größere Tiere, wie Haie, die man so selten antrifft. Wenn zwei oder mehr Taucher zusammen sind, wird ein Hai wahrscheinlich Abstand halten. Wenn man jedoch allein ist, schwimmt auch ein scheues Tier einmal näher heran und riskiert einen kurzen Blick.

Bei all den Problemen im Zusammenhang mit dem Tauchen ist es kaum verwunderlich, daß Unterwasserfotografie eine frustrierende Angelegenheit sein kann. Die Schwierigkeiten, ein technisch so hochgezüchtetes Gerät, wie eine Kamera, dazu zu bringen, unter Wasser zu funktionieren, sind nicht zu unterschätzen. Zwei Kamera-Grundmodelle stehen dabei zur Auswahl: Sehr beliebt und einfach zu bedienen ist eine speziell für Unterwasseraufnahmen entworfene Kamera. Über Jahre hinweg hat Nikon eine Reihe solcher Modelle auf den Markt gebracht, die Serie „Nikonos". Die modernste Version basiert weitgehend auf Elektronik, frühere Modelle arbeiteten vollständig mechanisch. Kompakt und leicht zu bedienen, mit Linsen von höchster optischer Qualität, sind die verschiedenen Nikon-Systeme das Rückgrat einer jeden Unterwasser-Fotoausrüstung.

Der Hauptnachteil des Nikon-Systems liegt darin, daß es keine Spiegelreflexkamera ist. Der Fotograf muß die Entfernung des Motivs von der Kamera abschätzen und dann die entsprechende Brennweite einstellen. Das ist nicht problematisch, solange man mit Weitwinkelobjektiven arbeitet, denn die große Tiefenschärfe dieser Linsen machen die Abschätzung weniger kritisch. Doch leider gibt es eine ganze Reihe von Objekten, die man mit dem Nikon-System kaum aufnehmen kann: besonders freischwimmende Tiere, die kleiner als 1 m und nicht weiter als ca. 1,5 m entfernt sind. Ein Weitwinkelobjektiv garantiert zwar die Schärfe der Aufnahme, doch kleine Objekte erscheinen dann winzig. Ein Teleobjektiv bildet das Motiv zwar größer ab, wegen der geringeren Tiefenschärfe gerät es jedoch leicht unscharf, besonders dann, wenn es sich bewegt.

Die Alternative dazu ist, eine normale Spiegelreflex-Kamera mit nur einem Objektiv in ein wasserdichtes Gehäuse zu stecken. Mit dieser Kamera kann man das Motiv scharf stellen und sehen, was auf den Film kommt. Ein Nachteil dieser Lösung sind die hohen Kosten (für Kamera und Gehäuse) und die Größe, die ein solches Gerät unter Wasser unhandlich macht. Dennoch, man kann damit viele Aufnahmen machen, die mit einer Nikon nicht gut gelingen. Da beide Lösungen Vor- und Nachteile haben, benutzen die meisten Profi-Fotografen beide und wechseln das System je nach Motiv und Tauchgebiet.

Eine der ersten Erfahrungen, die man als Unterwasserfotograf macht, ist die, daß Wasser Licht schluckt. In 60 m Tiefe erscheint jede Unterwasserlandschaft selbst bei hellem Sonnenschein und klarem Wasser wie im Zwielicht. In 200 m Tiefe ist es dunkel. Aber Wasser absorbiert nicht nur Licht allgemein, es filtert einige Wellenlängen bevorzugt heraus, zuerst den roten Spektralbereich. In 5 m Tiefe sieht ein roter Badeanzug graubraun aus, da ein Großteil des Rotanteils, der normalerweise von ihm reflektiert würde, bereits im Spektrum des Lichts fehlt. In 10 m Tiefe gibt es kein Orange, in 20 m kein Gelb und in 25 m kein Grün mehr, so daß alles nur noch Blau oder Schwarz erscheint.

Fotografiert man in solchen Tiefen mit dem natürlichen Restlicht, so sind die Bilder kontrastarm, mit verwaschenen Farben. Also benutzt man zusätzlich künstliches Licht — einen elektronischen Blitz. Damit lassen sich die Farben des Motivs wieder auffrischen und die Bildqualität deutlich verbessern. Doch selbst die stärksten Blitzgeräte sind unter Wasser nur über kurze Entfernung wirksam, da auch ihr Licht verschluckt wird. Bei einer Distanz von mehr als 2,5 m ist ein Blitz nutzlos; der ideale Abstand liegt bei wenig mehr als 1 m. Zudem laden sich Blitzgeräte nur langsam wieder auf; das dauert 6—7 Sekunden. Wenn ein Hai auf Sie zuschwimmt und Sie benutzen einen Blitz, dann können Sie wahrscheinlich nur ein einziges Foto schießen, bevor er wieder wegschwimmt; bis sich das Gerät wieder aufgeladen hat, wird der Hai mit ziemlicher Sicherheit verschwunden sein. Ich habe oft damit gewartet, einen heranschwimmenden Hai zu fotografieren, in der Hoffnung, daß er noch näher kommt, aber wohl wissend, daß er vielleicht abdreht, wenn ich zu lange zögere. Wenn ich erst auf den Auslöser drücke, wenn er zur Kehrtwendung ansetzt, dann ist es zu spät — das Foto wird einen davonschwimmenden Hai zeigen. Das war schon früh ein Dilemma, das ich lösen mußte, wenn ich diese Tiere erfolgreich fotografieren wollte. Heute glaube ich, daß es keine goldene Regel dafür gibt — nur hart erworbene Erfahrung und ein gewisses Zeitgefühl. Und die Geduld, es noch mal zu versuchen, wenn es nicht geklappt hat.

Man könnte auf den Gedanken kommen, eine Unterwasserkamera mit einem Teleobjektiv auszurüsten, um Haie aus sicherer Entfernung, aber dennoch formatfüllend aufzunehmen. Doch dann tauchen dieselben Probleme auf, wie man sie bei Teleobjektiven an Land kennt: An einem nebligen oder trüben Tag sind sie nicht einsatzfähig, da sie die Partikel oder Wassertröpfchen in der Luft „konzentrieren“. Ein Teleobjektiv zieht das Motiv zwar näher heran, doch die Luftmenge zwischen Objekt und Objektiv bleibt dieselbe, und damit verstärken sich auch störende Effekte. Selbst das klarste Meerwasser enthält viel organisches Material, und ein Objekt in 6 m Entfernung würde schon sehr unscharf erscheinen.

Alles in allem erschien es mir als das Beste, Haie aus einer Distanz von 1,5 m zu fotografieren — oder weniger. Bei dieser Entfernung gibt der Blitz genügend Licht, und es liegt nicht zuviel Wasser zwischen Fisch und Kamera. Die Frage ist nur: Wie bekommt man Haie, die gewöhnlich scheu sind, aber potentiell gefährlich, nahe genug vor die Kamera?

Eines der ersten Hindernisse, das man überwinden muß, ist die eigene Angst. Es ist natürlich nicht ungefährlich, aber man darf das Risiko auch nicht überbewerten; wichtig ist es, zu wissen, welche Umstände zu einer wirklich brenzligen Situation führen. Das erfordert ein gewisses Verständnis für die Tiere, die man fotografieren möchte: Man sollte wissen, was sie fressen, wie sie jagen und wie sie auf bestimmte Reize reagieren. Darin liegt der Schlüssel für die eigene Sicherheit.

Mit 11 Jahren habe ich einmal etwas beobachtet, das diese Erfahrung sehr gut demonstriert — auch die Angst, die Meeresgeschöpfe ohne Grund hervorrufen können. Meine Familie und ich badeten in einer kleinen Bucht auf den Bermudas. Es gab nahe vor der Küste ein paar Korallenstöcke, und etwa 20 Leute schwammen und schnorchelten im Wasser. Dann entdeckte irgend jemand einen Barrakuda von etwa 1 m Länge, der ruhig über dem Sandgrund stand. Sofort hieß es, daß dieses hinterhältige Tier dort auf ein Maulvoll Touristen lauere, und so flüchtete jedermann eiligst aus dem Wasser. Nur wenige wagten sich an diesem Nachmittag nochmals ins Meer zurück. Ich weiß heute, daß diese Reaktion völlig unnötig war. Barrakudas sehen außerordentlich gefährlich aus: schlank und sehnig, mit einem großen Maul und vorstehenden Zähnen. In klarem Wasser sind sie jedoch harmlos, denn sie fressen nur Fische, die kleiner sind als sie selbst. In schlammigem Wasser ist die Situation anders. Wenn z.B. ein Schmuckstück — Kette oder Ring — wie die silbrige Seite eines Fisches aufblitzt, dann kann der Barrakuda irrtümlich angreifen, weil er Beute vermutet.

Die Furcht, die viele Leute vor Barrakudas empfinden, hat einiges mit der Haifurcht gemeinsam. Fischer erzählen oft, daß Geschöpfe, wie Barrakudas oder Muränen, höchst gefährlich sind. Beide haben rasiermesserscharfe Zähne, die schwere Verletzungen hervorrufen können. Doch ein Fischer kennt diese Tiere nur in einer Situation: wenn sie am Angelhaken hängend, beißend und sich windend um ihr Leben kämpfen. Natürlich hören sie auch dann, wenn sie endlich im Boot liegen, nicht auf, nach allem zu schnappen, was in ihre Reichweite kommt. Das sagt gar nichts darüber aus, wie sich ein Barrakuda oder eine Muräne in ihrer natürlichen Umgebung verhalten, wenn man sie in Frieden läßt. Genauso warnen Speerfischer vor der Gefährlichkeit dieser Tiere und erzählen, wie bissig sie sind. Wenn man dann genauer nachfragt, so stellt sich heraus, daß das Tier wirklich versucht hat zu beißen — nachdem der Fischer ihm einen Speer durch den Leib gejagt hatte. Eine verständliche Reaktion, wie ich meine. Dasselbe gilt oft auch für Haie. Die Erfahrungen eines Fischers mit Haien beschränken sich meistens auf deren Todeskampf am Ende der Leine, aufgespießt auf eine Harpune. So wird der Mythos von der Bösartigkeit der Haie verewigt. Fischer sind in der Tat oft erstaunt, wie unbekümmert sich Taucher in „Hai-verseuchten" Gewässern bewegen.

Ich hoffe, daß meine Erlebnisse mit Haien dazu beitragen, ihr schlechtes Image in der Öffentlichkeit zu verbessern — denn Haie brauchen dringend unseren Respekt und unseren Schutz. Viele Haie sind bereits schäbigen und maßlosen Fangmethoden zum Opfer gefallen. Ein solcher abstoßender Vorfall hat sich vor der Küste von Kalifornien zugetragen. Eine Drescherhai-Art, der Fuchshai, *Alopias vulpinus*, war bis November 1986 in den Küstengewässern vor Los Angeles recht häufig. Man nimmt an, daß Drescherhaie im Frühjahr und Sommer in großer Zahl entlang der Westküste der USA nach Norden wandern, um im Herbst wieder in südliche Gewässer zurückzukehren. Im November 1986 entdeckte ein Aufklärungsflugzeug eine riesige Schule von Drescherhaien, die sich entlang der kalifornischen Küste nach Süden bewegte. Zu ihrem Pech gelten Drescherhaie als eßbar, und sobald die Schule wandernder Drescherhaie ausgemacht war, liefen ein

Dutzend Schleppnetzboote aus und verbrachten zwei Wochen damit, Tonnen um Tonnen von Drescherhaien aus dem Wasser zu holen. Es bleibt abzuwarten, ob sich die Population jemals von diesem Schlag erholen wird. Es wäre eine Tragödie, wenn die Drescherhaie ausgerottet würden; sie sind bemerkenswerte, noch wenig studierte Haie. Sie benutzen ihre stark verlängerte Schwanzflosse als Waffe, indem sie durch einen Fischschwarm schwimmen und ihre Opfer mit kräftigen Schwanzschlägen betäuben.

Die Art und Weise, in der Drescherhaie ihre Beute fangen, ist einmalig und zeigt, wie vollendet sich diese einzigartigen Jäger an ihre speziellen Lebensumstände angepaßt haben. Aber Drescherhaie bilden nur eine Gruppe unter den etwa 350 Haiarten, die heute in unseren Gewässern leben. Jede Art hat ihre eigene, faszinierende Geschichte — das gilt auch für die nächsten Verwandten der Haie, die Rochen und Chimären. Bevor ich meine eigenen Reisen auf der Suche nach Haien beschreibe, wollen wir uns die ganze Gruppe etwas genauer ansehen, um die Lebensweise und die komplexen Anpassungen dieser wunderbaren Geschöpfe besser verstehen zu können.

Kapitel 2

Einiges über die Biologie der Haie

Die meisten Menschen haben eine ganz gute Vorstellung davon, wie ein Hai aussieht – mehr oder weniger so wie ein Fisch, aber nicht genau so. Wenigstens nicht wie ein typischer Fisch. Wir erkennen die grundsätzlichen Übereinstimmungen zwischen einem Lachs und einem Stichling, einer Makrele und einem Barsch – aber Haie sind irgendwie anders. Wenn wir an einen Lachs oder eine Makrele denken, dann an ihre Formen oder Farben. Bei Haien hingegen fallen den meisten von uns nicht zuerst irgendwelche Ähnlichkeiten ein, sondern Eigenschaften wie unheimlich, bedrohlich, gefährlich. Wie ungerechtfertigt eine solche Beschreibung auch sein mag, sie illustriert ein fast instinktives Wissen: Haie sind nicht wie andere Fische, und das ist kein gradueller, sondern ein grundlegender Unterschied.

Haie kommen uns fremd, ja undurchschaubar vor. Lachse oder Barsche hingegen erscheinen uns vertraut, wir stellen keine seltsamen Fragen über sie – es sind eben Fische. Irgendwie haben wir das Gefühl, als ob es bei Haien noch eine andere, tiefe Ebene des Verstehens gibt. Das ist vielleicht der Grund, daß manche Menschen von Haien geradezu besessen zu sein scheinen – besessen, sie zu studieren, sie zu fangen, sie zu töten … oder auch, sie zu fotografieren.

Wie vielschichtig und verworren unsere Gefühle Haien gegenüber auch immer sein mögen, die instinktive Aussage „Haie sind anders als andere Fische“ ist grundsätzlich richtig: Haie besitzen im Gegensatz zu den allermeisten Fischen kein knöchernes Skelett. Ein Haiskelett besteht statt dessen aus Knorpel, einem hartgummiartigen, elastischen Material, das ein spezielles Eiweiß, nämlich Kollagen, enthält. Auch Teile unseres Skeletts sind verknorpelt – Knorpel findet sich in unserer Nasenspitze, den Ohrmuscheln und in allen Gelenkflächen, um die Reibung bei einer Bewegung herabzusetzen. In einer bestimmten Phase unserer vorgeburtlichen Entwicklung, im Embryonalstadium, sind alle unsere Knochen noch aus Knorpel vorgebildet, der nach und nach durch die Einlagerung von Mineralien (wie Kalziumphosphat) in Knochen umgewandelt wird. Das gilt für alle Wirbeltiere (Säuger, Vögel, Kriechtiere, Lurche, Fische) mit Ausnahme der Haie und ihrer Verwandten, bei denen das Knorpelskelett zeitlebens erhalten bleibt. Obwohl der Knorpel im Körper eines Haies an einigen Stellen durch Kalziumeinlagerungen verstärkt wird – z.B. in der Wirbelsäule – und den Knochen als Strukturelement funktional entspricht, haben Haie keine echten Knochen.

Haie, Rochen und Seekatzen (oder Chimären), eine Gruppe seltsamer Tiefseefische, bilden zusammen die Klasse der Knorpelfische, wissenschaftlich *Chondrichthyes.*

Die übrigen Fische der Welt zerfallen in drei Hauptgruppen: kieferlose Fische *(Agnatha)*, Strahlenflosser *(Actinopterygier)* und Muskelflosser (Sarcopterygier). Die meisten Fische gehören zu den Strahlenflossern, darunter die wohlbekannten Echten Knochenfische (Teleosteer), zu denen bis heute 20 750 Arten zählen — das sind über 96 % aller Fische.

Die Strahlenflosser und die Muskelflosser werden oft als „Knochenfische" zusammengefaßt, doch kieferlose Fische (wie die Neunaugen) besitzen ebenfalls Knochen. Haie, Rochen und Seekatzen (oder Chimären, wie sie auch genannt werden) sind die einzigen Lebewesen mit einem Knorpelskelett.

Da Knorpel bei den meisten Wirbeltieren eine Vorstufe von Knochengewebe ist, hat man lange Zeit angenommen, daß Fische mit einem Knorpelskelett evolutionsgeschichtlich älter seien als solche mit Knochenskelett; demnach wären Haie und ihre Verwandten „primitiver" als die anderen Fischgruppen. Doch die allerersten Fische erschienen 150 Millionen Jahre vor den ersten Haien — und diese Fische besaßen Knochen. Daher ist anzunehmen, daß sich Knorpelfische aus Fischen mit Knochen entwickelt und den Verknöcherungsprozeß irgendwann wieder aufgegeben haben.

Das hohe evolutionäre Alter von Haien und anderen Knorpelfischen ist unbestritten — die ersten Haie tauchten schon im Devon, vor mehr als 350 Millionen Jahren auf, und zumindest oberflächlich haben sie sich seitdem wenig gewandelt. Das heißt aber nicht, daß die heutigen Arten archaische, primitive Überlebende eines frühen Zeitalters sind. Die Knorpelfische, wie wir sie heute kennen, haben sich seit mehreren hundert Millionen Jahren im Wettstreit mit vielen anderen Meerestieren entwickelt, die teils Beute, teils Nahrungskonkurrenten waren. Und während so imposante Geschöpfe,

Die Knorpelfische

Zu den Knorpelfischen gehören drei Gruppen: die Seekatzen oder Chimären, die Rochen und die Haie; sie bilden zusammen die Klasse Chondrichthyes. Sie alle besitzen ein Knorpelskelett, und die Männchen tragen Klasper. Doch es gibt auch Unterschiede: Chimären haben wie die Eigentlichen Knochenfische (Teleosteer) einen Kiemendeckel, so daß man von außen nur eine Kiemenöffnung sieht. Bei Haien und Rochen liegen die Kiemenschlitze — gewöhnlich sind es fünf — frei und sind von außen deutlich sichtbar.

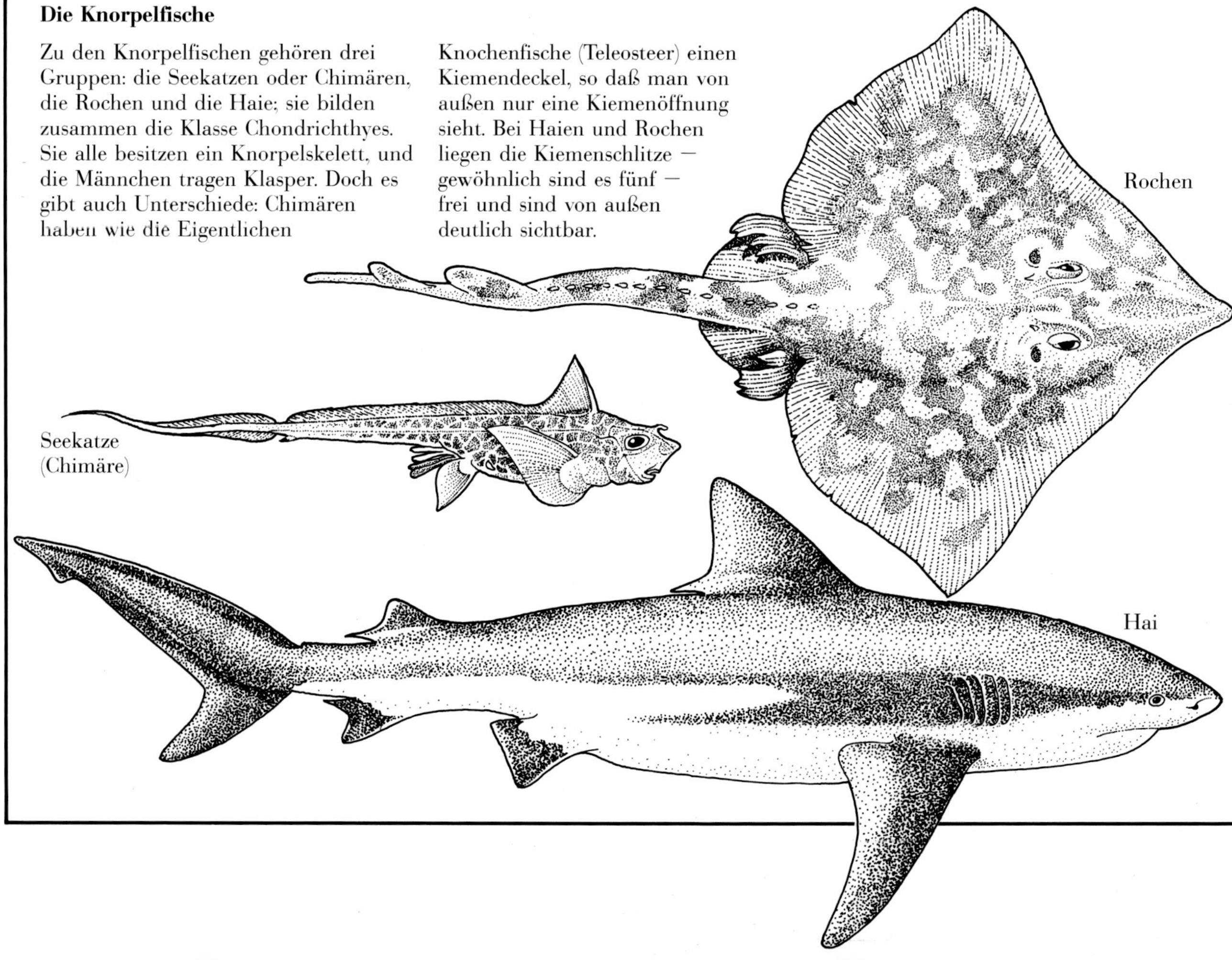

Dieser Gefleckte Adlerrochen, *Aetobatus narinari*, gehört zu den auffälligeren Mitgliedern der Rochenfamilie. Dieses Exemplar, fotografiert in der Korallensee hinter dem Großen Barrier-Riff, hatte eine Spannweite von 2 m und schwamm in großen Kreisen über dem Sandboden in einem Riff. Ich schlich mich heran und versteckte mich hinter dem Korallenstock im Vordergrund, als ich den Rochen auf mich zukommen sah. Glücklicherweise bemerkte er mich nicht, und ich konnte eine Aufnahme von ihm machen, bevor er verschwand.

wie Plesiosaurier oder Ichthyosaurier, ausstarben, haben sie überlebt. Irgendwie müssen sie den richtigen Dreh gefunden haben. Ihr Erfolgsgeheimnis wird klar, wenn wir uns die drei Knochenfischgruppen genauer ansehen.

Die seltsamsten Knorpelfische sind sicherlich die Seekatzen oder Chimären. Sie unterscheiden sich in vielen Merkmalen von Haien und Rochen. Mit ihren vorstehenden, irisierenden Augen, der eckigen Schnauze, den flügelähnlichen Flossen und ihrem langen, dünnen Rattenschwanz scheinen sie der Phantasie eines Science-Fiction-Autors entsprungen. Wissenschaftlich heißen sie „*Holocephali*"; sie traten zum ersten Mal vor etwa 150 Millionen Jahren, im Jura, in Erscheinung.

Im Gegensatz zu anderen Knorpelfischen haben Seekatzen kleine Mäuler mit Lippen, und ihre Zähne sind zu einem harten „Schnabel" verschmolzen, mit dem sie Schalentiere aufknacken können. Vielleicht war es die Kombination aus Vogel-ähnlichem Schnabel, Fischkörper und Rattenschwanz, die an die „Chimaera" griechischer Legenden erinnerte – ein zusammengeflicktes Monster mit dem Körper einer Ziege, dem Kopf eines Löwen und dem Schwanz einer Schlange.

Neben all ihren Besonderheiten haben Chimären eines mit den meisten anderen Fischen gemeinsam – einen dicken Lappen zäher Haut, der die Kiemen bedeckt, den Kiemendeckel (Operculum). Den anderen Knorpelfischen fehlt ein solcher Kiemendeckel. Daher kann man bei Haien eine Reihe paralleler Kiemenschlitze in Höhe der Brustflossen erkennen; bei Rochen liegen sie auf der Bauchseite. Wie dieses gemeinsame Merkmal andeutet, sind Haie und Rochen viel enger miteinander verwandt als mit Chimären; beide Gruppen werden auch manchmal als Plattenkiemer *(Elasmobranchier)* zusammengefaßt.

Trotz vieler Ähnlichkeiten mit den Haien bilden die Rochen eine eigene Ordnung, *Rajiformes.* Die meisten Rochen leben in den Flachwasserzonen gemäßigter und tropischer Meere; dort sind sie weltweit verbreitet. Wie ihr flacher Körper schon vermuten läßt, waren sie ursprünglich an ein Leben am Meeresboden angepaßt — eine Parallelentwicklung zu Knochenfischen, wie Seezunge, Scholle und Flunder. Die meisten Rochen durchsieben den Schlamm bzw. Sand des Meeresbodens nach kleinen Wirbellosen, wie Krabben, Weichtieren und Würmern. Doch einige haben dieses beschauliche Leben gegen ein aktiveres Dasein eingetauscht, und ein paar, wie die Sägefische, erinnern im Körperbau an Haie.

Der tropische Riesenmanta, *Manta birostris,* ist sicherlich der spektakulärste Vertreter der Rochen. Der größte, auf den Bahamas gefangene Manta hatte eine Spannweite von 6,7 m und wog 1360 kg. Trotz ihrer Größe sind Mantas vollkommen harmlos. Sie leben von winzigen Organismen, die sie aus dem Wasser filtrieren, während sie langsam dahingleiten. Die größten Meerestiere ernähren sich oft von den kleinsten Lebewesen, die nahe der Oberfläche im Wasser schweben, dem Plankton. Das mag paradox erscheinen, doch Plankton gibt es im Überfluß, und es ist leicht einzusammeln, wenn man über entsprechende Filtereinrichtungen verfügt. Letztlich hängen alle Meeresorganismen in der Ernährung vom Plankton ab, sind sie doch alle Mitglieder einer langen Nahrungskette, in der die Größeren die Kleineren erbeuten und ihrerseits von noch Größeren gefressen werden. Riesige Filtrierer, wie Blauwal, Walhai und Manta, umgehen lediglich die „Zwischenhändler" und konsumieren das Plankton direkt. So nutzen sie die Nahrungsenergie optimal. Mantas filtern Plankton mit ihren Kiemen; sie besitzen aber auch ein Paar fleischige, paddelartige Anhänge beiderseits des Mauls, um geeignete Fische als Zusatzkost einzufahren.

Mantas zu fotografieren gehört zu den großen Erlebnissen jedes Unterwasserfotografen — etwas, das mir noch nicht vergönnt war. Obwohl ich schon gelegentlich Mantas gesehen habe, waren sie fast immer weit weg und entfernten sich graziös aber entschieden in die entgegengesetzte Richtung. Nur einmal nicht — und das war um so aufreizender. Ich schnorchelte gerade nach einem tiefen Tauchgang im Roten Meer an einer Stelle, wo das Sanganeb-Riff senkrecht steil nach unten abfällt. Wenn man nach unten schaute, sah das Wasser schwarz aus, doch in 25 m Tiefe oder mehr tauchten auf einmal sonderbare weiße Flecken auf. Es waren zwei bleiche Dreiecke, etwa 5 m auseinander, deren Spitzen voneinander wegwiesen. Zwischen ihnen, etwas weiter vorn, erschienen zwei helle Balken, die parallel zueinander ausgerichtet waren. Einige Sekunden lang fragte ich mich, was zum Teufel da unten wohl schwimme. Vermutlich ein paar Fische, die sich langsam an der Riffkante entlang bewegten ... dann erkannte ich verblüfft, daß es sich nicht um mehrere Tiere, sondern um einen einzigen, riesigen Manta handelte. Die Körperoberfläche eines Mantas ist schwarz, während die „Flügelenden" und die fleischigen Barteln am Maul fahlweiß gefärbt sind. Daher ist der Rumpf von oben größtenteils unsichtbar. Der Manta schwamm zu tief, als daß ich mit Schnorchel hätte hinabtauchen können, ganz zu schweigen davon, ein Foto zu machen. Alles, was mir übrigblieb, war, ihn von oben anzustarren, als er provozierend langsam längs des Riffs davonglitt.

Rochen, die am Meeresgrund leben, haben eine Reihe von Verteidigungsmaßnahmen entwickelt, um sich gegen Räuber zu schützen. Dazu gehören Tarnfärbung oder das Sich-Eingraben im Sand, bei den Stachelrochen einen mit Widerhaken versehenen giftigen Schwanzstachel. Leute, die in den Tropen in flachem Wasser waten, können sich, wenn sie auf einen Stachelrochen treten, schwer verletzen. Doch verschiedene Haiarten, die

Rochen jagen, kümmern sich gar nicht um diese giftigen Stacheln; das gilt besonders für den Großen Hammerhai, *Sphyrna mokarran*, der eine Vorliebe für Stachelrochen hat. Die Kiefer von Hammerhaien sind oft geradezu mit solchen widerhakenbewehrten Stacheln gespickt; bei einem Exemplar steckten nicht weniger als 96 Stacheln in Maul und Kopf!

Georg Williams, ein Berufsfischer aus Key Largo auf den Florida Keys, erzählte mir folgende interessante Beobachtung: Während er nahe vor der Küste fischte, sah er in einiger Entfernung immer wieder Wasser hochspritzen. Als er mit seinem Boot näher kam, entdeckte er einen großen Hammerhai, der einen stattlichen Rochen zu jagen schien. Doch bald merkte er, daß der Rochen tot war und der Hammerhai ihn nicht etwa verfolgte, sondern mit ihm spielte, so, wie eine Katze mit einer toten Maus spielt.

Man nimmt an, daß Rochen und Haie sich aus denselben Vorfahren entwickelt haben, doch fossile Belege dafür sind spärlich, da Knorpel selten überdauert. Nur die wenigen Körperteile, die mineralisiert sind, bleiben manchmal erhalten — besonders Zähne und Flossenstrahlen. Fossile Zähne allein können jedoch keine Auskunft darüber geben, wann und wie sich die Entwicklungslinien von Haien und Rochen getrennt haben. Glücklicherweise liefert uns die Anatomie heutiger Haie einige Hinweise.

Wie Rochen haben Haie in ihrer Evolution vermutlich eine bodenlebende Phase durchgemacht, obwohl es bei ihnen nicht zu derselben extremen Körperabflachung wie bei den Rochen kam. Im Perm und Trias (d.h. vor 270 — 180 Millionen Jahren) gab es wahrscheinlich nicht genug kleine freischwimmende Fische im Meer, die Haie hätten jagen können. Daher ernährten sich Haie vornehmlich von wirbellosen Tieren, wie Tintenfischen, Muscheln, Schnecken, Krebsen und Würmern, die sie auf dem Meeresboden erbeuteten. Das war vermutlich der Grund dafür, daß ihr Maul auf die Unterseite des Kopfes wanderte. Als die Zahl der freischwimmenden Knochenfische im Meer allmählich zunahm, begannen Haie, sie zu jagen, doch ihr Maul blieb auf der Kopfunterseite. Bei einem aktiven Räuber, wie dem modernen Hai, würde man das Maul an der Schnauzenspitze erwarten, in nächster Nähe zur Beute. Mit einem bauchseits gelegenen, unterständigen Maul kann der Hai natürlich nicht sehen, wohin er beißt. Aber vielleicht ist das doch keine so schlechte Lösung: So kann der Kopfbereich stromlinienförmig gestaltet werden, ohne daß das Maul stört. Zudem liegt es direkt hinter den Nasenöffnungen, so daß der Hai riecht, was er verschlingt. Im Meer, besonders bei trübem Wasser, ist der Geruchssinn oft wichtiger als der Gesichtssinn. Zudem besitzen Haie im Kopfbereich sogenannte „Lorenzinische Ampullen“. Das sind „Elektrosonden“ in der Schnauzenregion, die die Beute anhand elektrischer Signale aufspüren (s.u.).

Weil sein Maul an der Kopfunterseite sitzt, hat man früher angenommen, ein Hai sei nicht in der Lage, ein Objekt vor seiner Schnauze direkt anzugreifen. Dem Aberglauben nach muß er sich erst auf den Rücken rollen, um nach seiner Beute schnappen zu können. Das geht auf die Vorstellung vom „primitiven“ Fisch zurück. Man stelle sich vor, ein Tier, so verbaut, daß es sich erst umdrehen muß, um zu fressen! Beobachtungen und Filmaufnahmen haben diesen Irrglauben längst widerlegt. Der Oberkiefer eines Haies ist nicht fest mit dem Hirnschädel verbunden. Ein Hai ist durchaus dazu fähig, etwas direkt vor seiner Schnauze zu packen. Die Kiefer können weit vorgestreckt werden, während die Schnauze nach oben aus dem Weg gebogen wird.

Nicht nur die Kieferbewegung, sondern vor allem die Struktur seiner Zähne machen das Haigebiß zu einer tödlichen Waffe. Haie haben viele verschiedene Zahntypen entwickelt. Oft kann man eine Art an einem einzigen Zahn identifizieren, so charakteristisch sind gewisse Zahnformen. Die

Eine Klassifizierung der heute lebenden Haiarten

Dies ist eine verkürzte Version von Compagno's Klassifizierung moderner Haie, wie sie im FAO-Artenkatalog (Bd. 4, Teil 1: Sharks of the World, 1984) erschienen ist. Arten mit * sind im Buch abgebildet.

Stachelhaiartige (Ordnung *Squaliformes*) Umfaßt 3 Familien: Nagelhaie *(Echinorhinidae)*, Stachelhaie oder Dornhaie *(Squalidae)* und Meersau-Haie *(Oxynotidae)*. Eine faszinierende und vielgestaltige Gruppe, darunter viele Tiefseeformen, von denen gelegentlich einige Exemplare beim Fischen mit Tiefseenetzen an die Oberfläche gelangen.

Krausenhaie, Sechs- und Siebenkiemer (Ordnung *Hexanchiformes*)
2 Familien: die primitiven Krausenhaie *(Chlamydoselachidae)* mit nur 1 Art, und die Kammzähner oder Grauhaie *(Hexanchidae)*. Die meisten Kammzähner bevorzugen tiefes Wasser.

Stierkopfhaie (Ord. *Heterodontiformes*)
1 Familie: Stierkopfhaie *(Heterodontidae)*. Nachtaktiv, tagsüber verstecken sie sich unter Tang oder in Felshöhlen. Man findet sie im Pazifik und im Indischen Ozean vom Flachwasser bis in Tiefen von einigen hundert Metern. Sie fressen Seeigel, Meeresschnecken, Krebstiere, Meeresringelwürmer, Muscheln und gelegentlich Knochenfische.

Grundhaie (Ord. *Carcharhiniformes*)
8 Familien: Katzenhaie *(Scyliorhinidae)* mit 15 Gattungen, viele davon Tiefseeformen; Steuerschwanz-Katzenhaie *(Proscylliidae)* mit 4 kaum erforschten Gattungen, meist kleine Bewohner mittlerer Wassertiefen; Falsche Marderhaie *(Pseudotriakidae)* mit nur 1 Art; Hundshaie *(Leptochariidae)* mit ebenfalls nur 1 Art; Marderhaie oder Glatthaie *(Triakidae)* mit 9 Gattungen; Wieselhaie *(Hemigaleidae)* mit bisher 7 Arten; Blauhaie – auch: Menschenhaie, Grauhaie – *(Carcharhinidae)* mit vielen Gattungen, die überall in tropischen und gemäßigten Meeren vorkommen; Hammerhaie *(Sphyrnidae)* mit zwei Gattungen, die man sofort an ihrer Kopfform erkennen kann.

Sägehaie (Ordnung *Pristiophoriformes*)
1 Familie: Sägehaie *(Pristiophoridae)* mit 5 Arten. Klein, selten über 1 m lang; weit verbreitet, kommen vom Flachwasser bis in Tiefen von fast 1000 m vor. Gelegentlich bilden sie bei der Nahrungssuche kleine Gruppen.

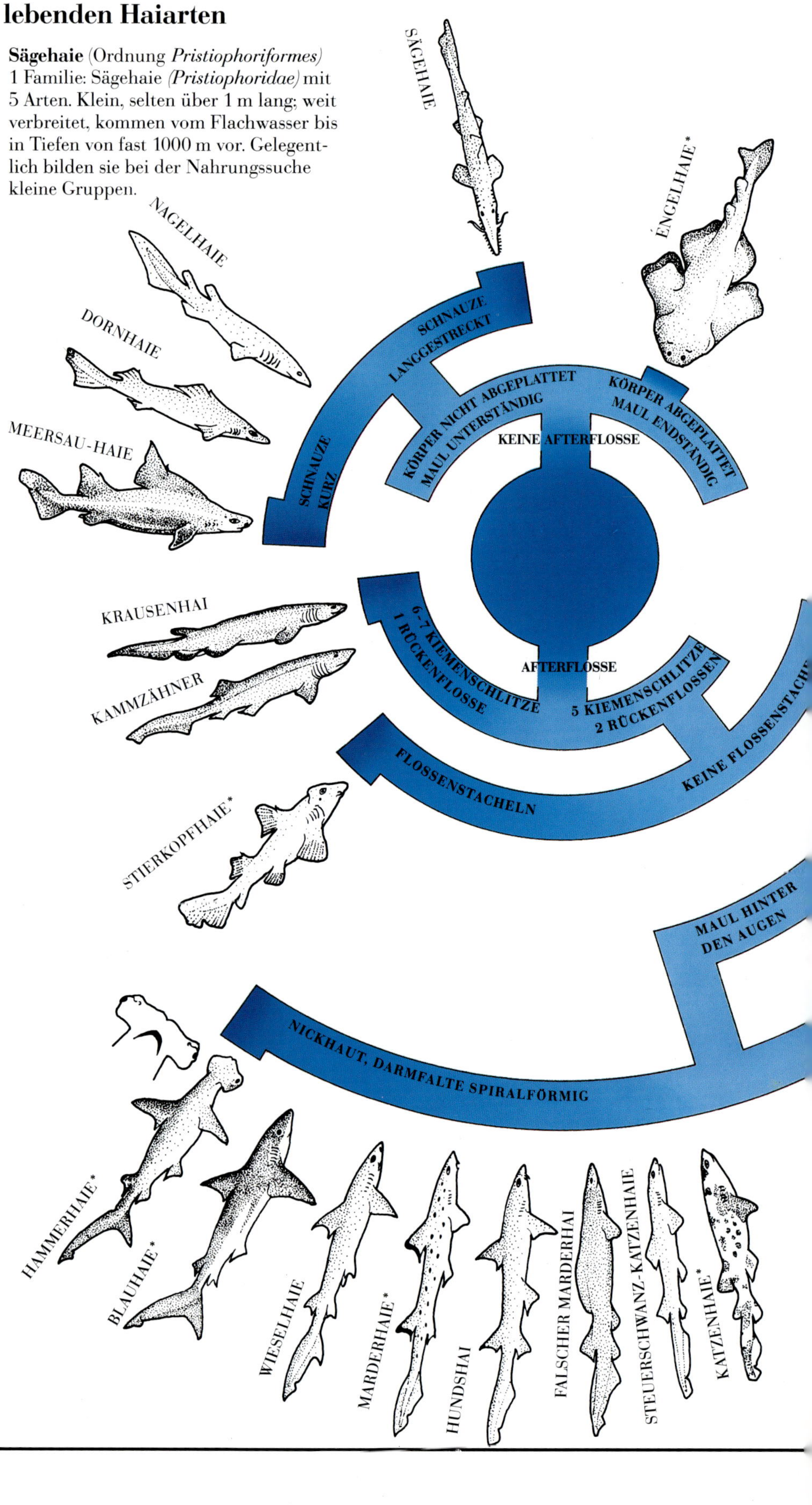

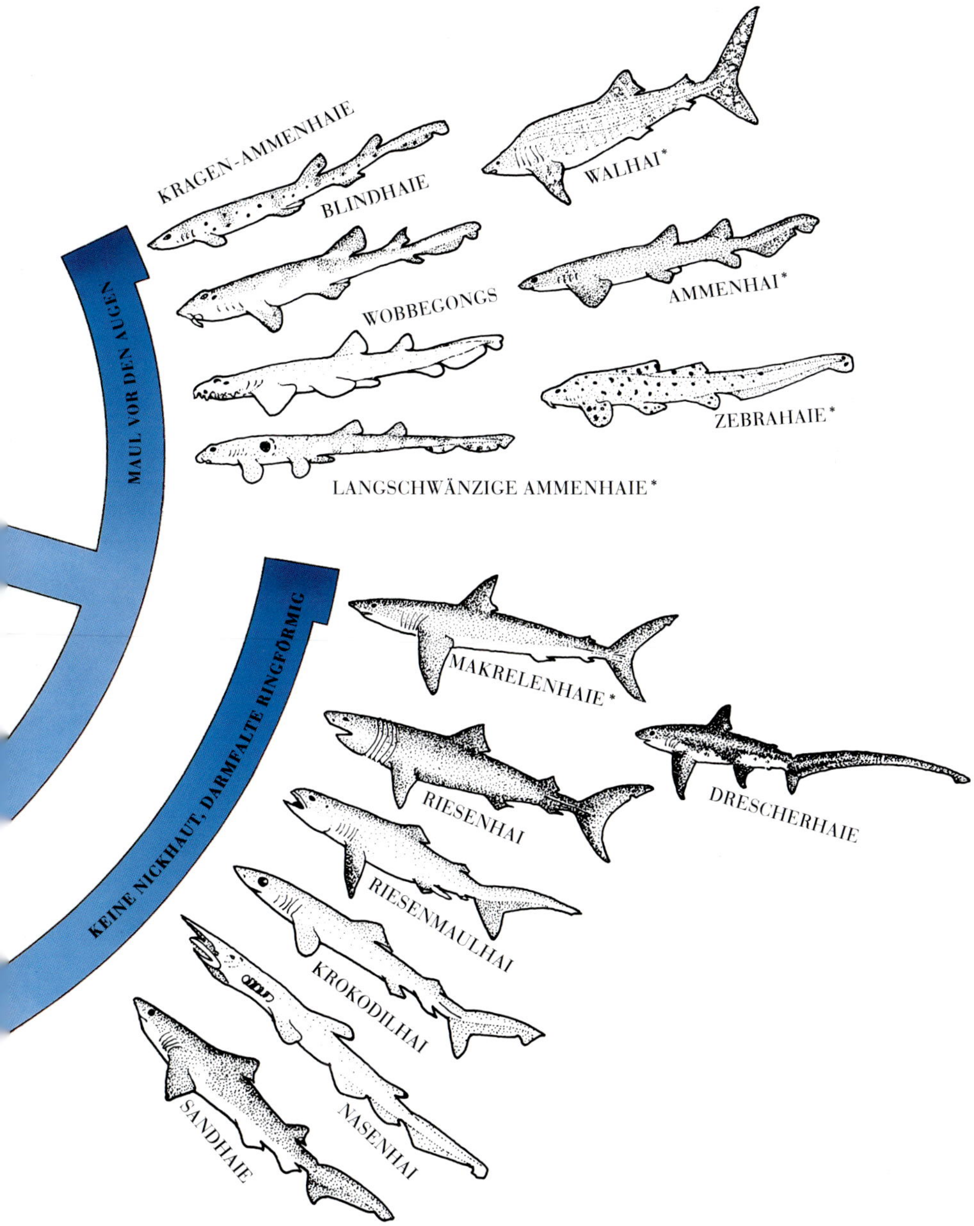

Engelhaie
(Ordnung *Squatiniformes*)
1 Familie: Engelhaie *(Squatinidae)*. Ungewöhnlich aussehende Haie mit abgeplattetem Körper, die oft für Rochen gehalten werden. Liegen gewöhnlich auf bzw. halb eingegraben in sandigem oder schlammigem Boden. 12 Arten, verbreitet von kühlen, gemäßigten bis in tropische Gewässer.

Ammenhaiartige
(Ordnung *Orectolobiformes*)
7 Familien: Kragen-Ammenhaie *(Parascylliidae)*, kleine, knapp 1 m lange, kaum erforschte Bodenbewohner der mittleren Wassertiefen; Blindhaie *(Brachaeluridae)*, kleine, harmlose Bodenbewohner vor der Küste Australiens; Wobbegongs *(Orectolobidae)*, der in großer Zahl vor Neuguinea und Australien vorkommt; Langschwänzige Ammenhaie *(Hemiscyllidae)* mit 2 Gattungen; Zebrahaie *(Stegostomatidae)* mit nur 1 Art; Ammenhaie *(Ginglymostomidae)*, große, träge Bodenbewohner mit auffälligen Barteln an der Schnauze und kräftigen Kiefern, im Atlantik, im Indischen und im Pazifischen Ozean verbreitet; Walhaie *(Rhincodontidae)* mit nur 1 Art, können wahrscheinlich bis 18 m lang werden, die größten Fische überhaupt.

Makrelenhai-Artige
(Ordnung *Lamniformes*)
7 Familien: Sandhaie *(Odontaspididae)* mit 5 Arten, alles große, fischfressende Haie, die kühlere Gewässer bevorzugen; Nasenhaie *(Mitsukurinidae)* mit nur 1 einzigen seltsamen, kaum erforschten Art; Krokodilhaie *(Pseudocarchariidae)* mit nur 1 Art, ein kleiner, ozeanischer Hai mit riesigen Augen und langen, dünnen Zähnen; Riesenmaul-Haie *(Megachasmidae)* mit nur 1 Art, dieser extrem seltene Filtrierer wurde erst 1976 entdeckt; Fuchshaie *(Alopiidae)* mit 3 Arten, bei denen die obere Fahne des Schwanzes sich zu einer Art Keule verlängert hat, mit der sie Fische erbeuten; Riesenhaie *(Cetorhinidae)* mit nur 1 Art, Filtrierer, die länger als 12 m werden können; Makrelenhaie *(Lamnidae)*, zu denen der berüchtigte Weiße Hai, 2 Heringshai- und 2 Makohaiarten gehören.

Form der Zähne richtet sich nach der Beute. Ein Hai, der sich z.B. von Weichtieren (Tintenfische, Muscheln, Meeresschnecken) ernährt, benötigt Zähne, mit denen er die harte, kalkhaltige Schale dieser Tiere zerbeißen kann. Der Ammenhai, *Ginglymostoma cirratum*, besitzt solche Zähne. Haie, wie der Makohai, *Isurus oxyrhinchus*, die kleine, freischwimmende Fische im Ganzen verschlingen, haben oft lange, dünne Zähne, um ihre Opfer aufzuspießen. Im Gegensatz dazu sind die Zähne von Haien, die große Stücke aus ihrer Beute reißen, meist breit und gesägt. Über diesen Gebißtyp verfügen die gefährlichsten Haie — der Weiße Hai, *Carcharodon carcharias*, der Tigerhai, *Galeocerdo cuvieri*, der Große Hammerhai, *Sphyrna mokarran*, und große Blauhaie, wie der Gemeine Grundhai, *Carcharhinus leucas*, und der Düstere Hai, *C. obscurus*. All diese Haie sind große und aggressive Jäger, die andere große Tiere erbeuten und auch Menschen als potentielle Mahlzeit ansehen.

Die Zähne eines Haies werden ständig durch neue ersetzt, die sich hinter den Altzähnen im Kiefer entwickeln. Daher können die Zähne ihre Form verändern, während der Hai heranwächst. Wenn Makos älter werden, verlieren sie die schlanken Zähne ihrer Jugend und ersetzen sie durch breitere, ungesägte Zähne. Sie fressen dann keine kleinen Fische mehr, sondern jagen größere Beute. Auch junge Weiße Haie haben, solange sie sich noch von Kleinfischen ernähren, lange, dünne (aber gesägte) Zähne.

Es mag verwunderlich erscheinen, doch Haut und Zähne stehen bei Haien in enger Beziehung. Wenn man mit der Hand vom Kopf zum Schwanz über die Seite eines toten Haies streicht, so fühlt sich die Haut ganz glatt an. Eine Art, der Glatt- oder Seidenhai, *Carcharhinus falciformis*, verdankt seinen Umgangsnamen sogar seiner feinen Oberflächenstruktur. Streicht man aber in Gegenrichtung (Schwanz-Kopf), so fühlt sich die Haut wie Sandpapier an. Das liegt an den nach hinten gerichteten Hautzähnen des Haies, den Placoidschuppen. Sie bilden sich genau so wie die Zähne im Kiefer und bestehen auch aus demselben Material. Über die Bedeutung dieser Hautzähne ist viel spekuliert worden. Bei Arten mit großen und scharfen Hautzähnen haben sie wahrscheinlich Schutzfunktion. Die größten Hautzähne trägt der Nagelhai, *Echinorhinus brucus*, der buchstäblich in einen Igelpanzer eingehüllt ist. Bei anderen Arten dienen die Hautzähne vermutlich dazu, eine Wasserschicht am Körper festzuhalten und dadurch den Reibungswiderstand zwischen Haut und Wasser zu vermindern; dadurch spart der Hai Energie beim Schwimmen.

Haie sind ganz ausgezeichnete Schwimmer. Sie beherrschen verschiedene Schwimmstile, je nachdem, was gerade anliegt. Oft beobachtet man bei Aufsicht von oben eine stetige, sinusförmige Bewegung. Eine Welle durchläuft den ganzen Körper und gipfelt in einem seitwärts gerichteten Schwanzschlag. Wenn Haie ausdauernd durchs Wasser kreuzen, ist diese Art der Fortbewegung energetisch sehr günstig, aber eher langsam. Einige Haiarten können, wenn sie aufgeregt sind, ihren Körper versteifen, so daß der Schwanz fast unabhängig vom Rumpf schlägt, und dann mit unvorstellbarer Geschwindigkeit vorschießen. Das ist möglich, weil die Haihaut elastisch ist und ein Teil der Rumpfmuskulatur direkt daran ansetzt. Wenn sich die Muskeln einer Körperseite zusammenziehen, so werden Haut und Muskeln der anderen Seite passiv gedehnt. Erschlaffen die kontrahierten Muskeln, so hilft die elastische, unter Spannung stehende Haut auf der anderen Seite, den gekrümmten Körper wieder zu strecken. Wenn ein Hai langsam schwimmt, ist seine Haut locker und geschmeidig und paßt sich den wellenförmigen Bewegungen an, die vom Kopf zum Schwanz laufen. Wenn der Hai jedoch beschleunigt und diese Muskelkontraktionen schneller aufeinander folgen, steigt der Druck, den die Körperflüssigkeit von innen auf die Haut ausübt. Daraufhin versteift sich die Haut. Die Schwingungen des Rumpfes nehmen ab, und ein größerer Anteil der eingesetzten Kraft wird im Schwanzschlag konzentriert. Dieser „versteifte Schlag“ ist besonders bei Blauhaien gut zu beobachten.

Die schnellsten Haie gehören zur Familie der Makrelenhaie *(Lamnidae)*, deren Körperbau auf höchste Geschwindigkeiten ausgelegt ist. Beim Makohai, *Isurus oxyrhinchus*, zeigt sich dieser Zug besonders deutlich. Die Schnauze ist spitz und der massige, muskelbepackte Rumpf perfekt stromlinienförmig. Kurz vor dem Schwanz befindet sich der sogenannte „Schwanzkiel“; er „trennt“ den Schwanz vom übrigen Körper, so daß dieser unabhängig von den Schwimmbewegungen des Rumpfes schlagen kann. Das gibt den Makrelenhaien einen ganz charakteristischen Schwimmstil, der sie von allen anderen Haien unterscheidet.

Jede Bewegung hängt letztlich von Muskelkontraktion ab, und ein Hai kann nur so schnell und geschickt schwimmen, wie es ihm seine Muskeln erlauben. Muskelarbeit steht in engem Zusammenhang mit der Körpertemperatur. Ein kalter Muskel arbeitet schlechter als ein warmer. Das ist ein Problem, denn Haie sind „kaltblütig“ (poikilotherm), d.h., ihre Körpertemperatur entspricht weitgehend derjenigen des umgebenden Wassers. Haie können — im Gegensatz zu Meeressäugern, wie Walen und Delphinen — keine erhöhte Kerntemperatur durch Verbrennen von Fettvorräten erzeugen. Zudem verlieren sie die Stoffwechselwärme, die sie durch Muskelarbeit produzieren, gleich wieder durch die Kiemen. Im Kiemenbereich sind viele kleine Blutgefäße nur durch dünne Zellschichten vom Wasser getrennt; hier kühlt das Blut auf Wassertemperatur ab. Und dennoch können einige Haie, hier wieder besonders die Makrelenhaie, ihre Körpertemperatur in gewissen Grenzen über die der Umgebung anheben. Sie haben das Blutgefäßsystem in den Kiemen durch ein „Wundernetz“ (Rete mirabile) so modifiziert, daß kaum noch Wärmeverluste auftreten und behalten daher einen Teil der Muskelwärme im Körper zurück. Das reicht aus, um ihre Körpertemperatur bis zu 10 °C über der Umgebungstemperatur zu halten. Diese Fähigkeit verleiht Makrelenhaien in kalten Gewässern einen bedeutenden Vorteil gegenüber anderen Haien, und Mitglieder dieser Haifamilie sind die erfolgreichsten Jäger in sehr kalten Meeren. Im Nordpazifik dringt der Weiße Hai, *Carcharodon carcharias*, bis zur Südspitze von Alaska vor, während der Pazifische Heringshai, *Lamna ditropis*, sogar noch weiter nördlich gefunden wird — bis zur Okhotsk- und Bering-See. Im Nordatlantik jagt der Heringshai, *Lamna nasus*, nördlich von Island und in den westlichen Teilen der Barents-See nach Beute.

Jedes schnelle Raubtier braucht empfindliche Sinnesorgane und eine hohe Reaktionsfähigkeit. Haie bilden da keine Ausnahme, aber ihre sensorischen Fähigkeiten, besonders ihr Sehvermögen, sind lange umstritten gewesen. Wissenschaftler beschäftigten sich bereits seit Mitte des 19. Jahrhunderts mit dem Sehen von Haien, doch bis vor kurzem wurden fast ausschließlich die Augen des Dornhais, *Squalus acanthias*, untersucht. Dieser kleine Hai ist vor den europäischen Küsten sehr häufig. Die frühen Arbeiten ließen darauf schließen, daß Katzenhaie — und vielleicht Haie ganz allgemein — über ein sehr schlechtes Sehvermögen verfügen. Die Netzhaut (Retina) eines Katzenhaies ist im Vergleich zu derjenigen von höheren Wirbeltieren sehr schlecht ausgestattet. Das Sehen hängt bei höheren Wirbeltieren von zwei Typen lichtempfindlicher Zellen in der Retina ab: den Stäbchen und den Zapfen. Stäbchen sind sehr lichtempfindlich und für Dämmerungssehen (Schwarz-Weiß-Sehen) geeignet; sie haben jedoch ein schlechtes Auflösungsvermögen, d.h., Details eines Objektes werden nur grob abgebildet. Zapfen hingegen sind nicht so lichtsensitiv, dafür aber

Haut und Zähne

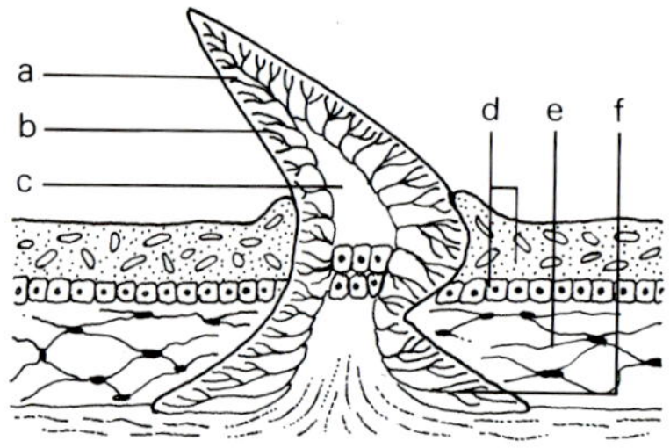

◄▼ Die Haihaut ist außerordentlich zäh und von Hautzähnen bzw. Placoidschuppen bedeckt. Der Querschnitt links zeigt den typischen Aufbau der Haut: a = schmelzähnlicher Überzug *(Durodentin)*, b = Dentinschicht, c = Zahnhöhle *(Pulpa)*, d = Haut *(Epidermis)*, e = Unterhaut *(Dermis)* und e = Grundplatte (Basalplatte) (nach Steel). Die Hautzähne dienen möglicherweise dazu, rund um den Körper des Haies eine dünne Wasserhülle festzuhalten (unten), die den Widerstand beim Schwimmen herabsetzt.

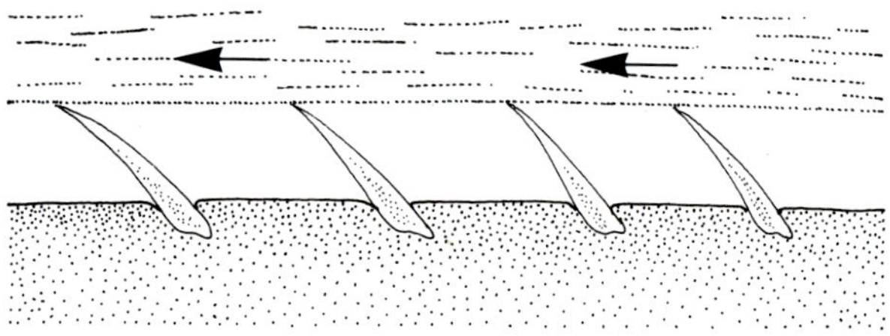

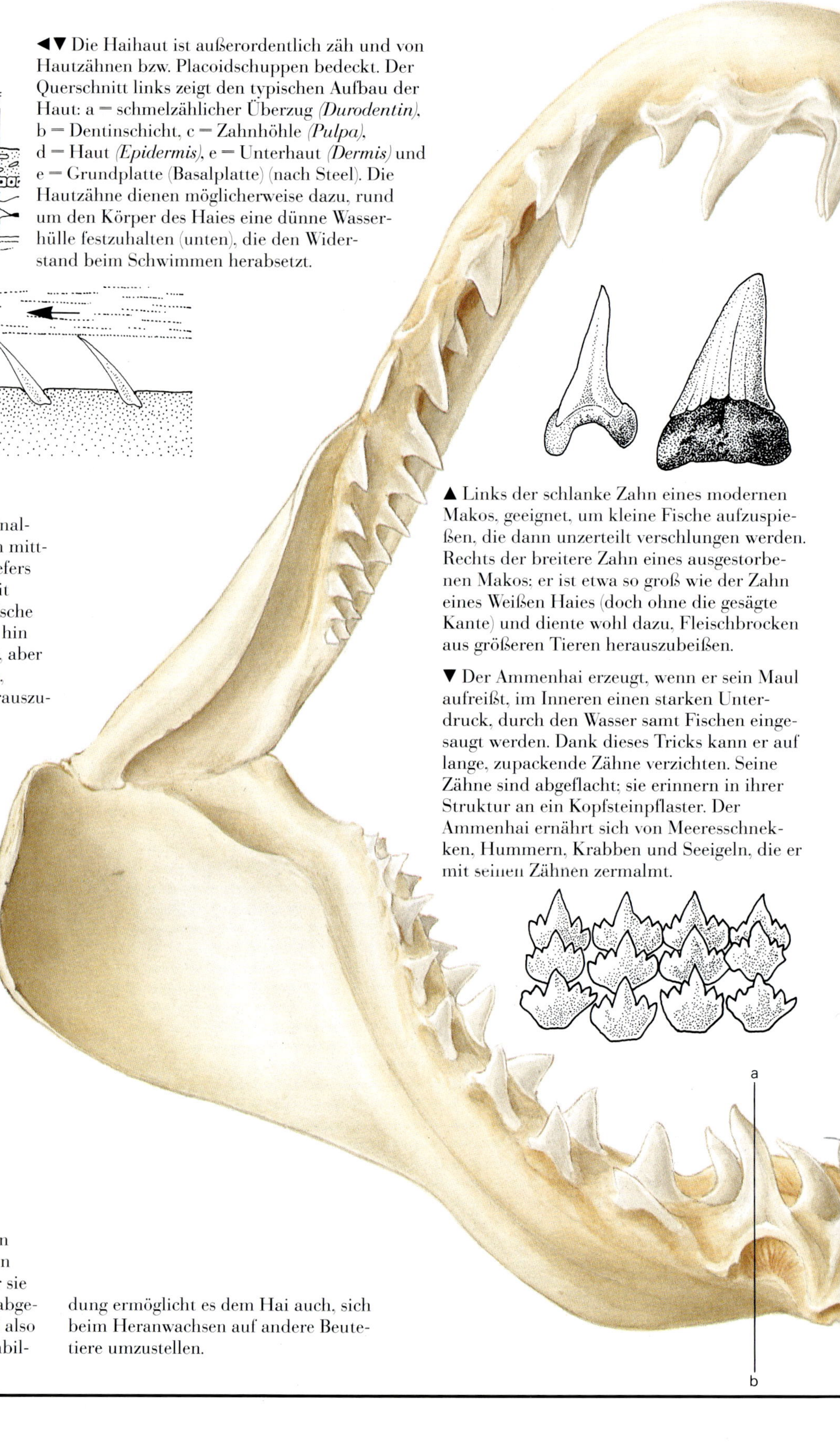

► Dieser Kiefer – etwa 2/3 der Originalgröße – stammt von einem Mako. Im mittleren Bereich des Ober- und Unterkiefers findet man lange, schlanke Zähne. Mit ihnen spießt der Mako die kleinen Fische auf, von denen er lebt. Zu den Seiten hin werden die Zähne kürzer und breiter, aber nicht weniger scharf. Sie dienen dazu, Stücke aus einem größeren Opfer herauszubeißen.

▲ Links der schlanke Zahn eines modernen Makos, geeignet, um kleine Fische aufzuspießen, die dann unzerteilt verschlungen werden. Rechts der breitere Zahn eines ausgestorbenen Makos; er ist etwa so groß wie der Zahn eines Weißen Haies (doch ohne die gesägte Kante) und diente wohl dazu, Fleischbrocken aus größeren Tieren herauszubeißen.

▼ Der Ammenhai erzeugt, wenn er sein Maul aufreißt, im Inneren einen starken Unterdruck, durch den Wasser samt Fischen eingesaugt werden. Dank dieses Tricks kann er auf lange, zupackende Zähne verzichten. Seine Zähne sind abgeflacht; sie erinnern in ihrer Struktur an ein Kopfsteinpflaster. Der Ammenhai ernährt sich von Meeresschnekken, Hummern, Krabben und Seeigeln, die er mit seinen Zähnen zermalmt.

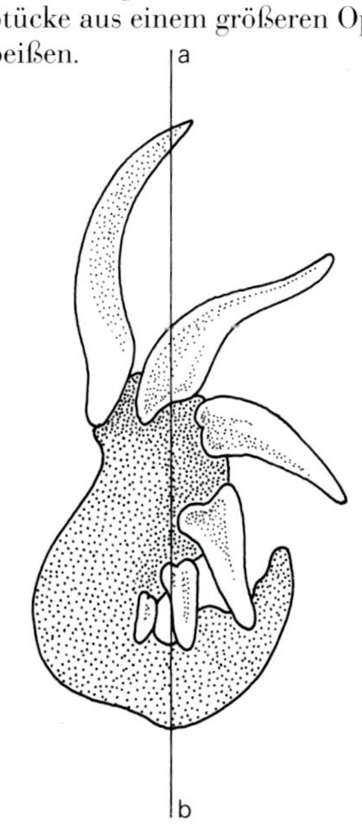

▲ Dieser Querschnitt zeigt, wie neue Zähne gebildet werden: Sie entwickeln sich innen im Kiefer und werden dann bis zur Bißkante vorgeschoben, bevor sie schließlich ausfallen. Verlorene oder abgebrochene Zähne stellen für einen Hai also kein Problem dar. Diese Art der Zahnbildung ermöglicht es dem Hai auch, sich beim Heranwachsen auf andere Beutetiere umzustellen.

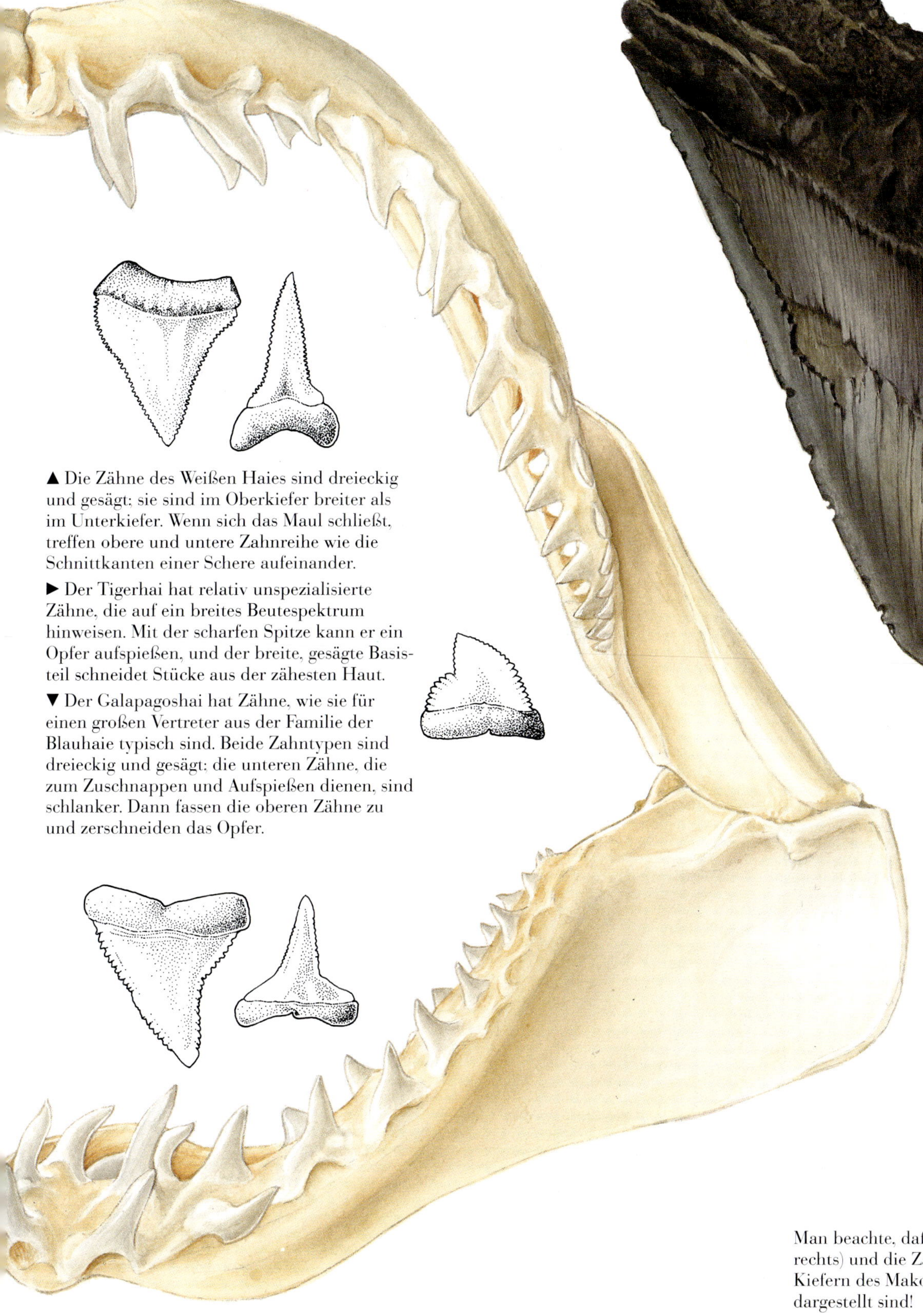

▲ Die Zähne des Weißen Haies sind dreieckig und gesägt; sie sind im Oberkiefer breiter als im Unterkiefer. Wenn sich das Maul schließt, treffen obere und untere Zahnreihe wie die Schnittkanten einer Schere aufeinander.

► Der Tigerhai hat relativ unspezialisierte Zähne, die auf ein breites Beutespektrum hinweisen. Mit der scharfen Spitze kann er ein Opfer aufspießen, und der breite, gesägte Basisteil schneidet Stücke aus der zähesten Haut.

▼ Der Galapagoshai hat Zähne, wie sie für einen großen Vertreter aus der Familie der Blauhaie typisch sind. Beide Zahntypen sind dreieckig und gesägt; die unteren Zähne, die zum Zuschnappen und Aufspießen dienen, sind schlanker. Dann fassen die oberen Zähne zu und zerschneiden das Opfer.

▲ Dieser riesige fossile Zahn stammt von dem ausgestorbenen Hai *Carcharodon megalodon*, einem Räuber von fast unvorstellbaren Ausmaßen (ca. 13 m lang). Er entspricht anatomisch dem Zahn eines heutigen Weißen Haies, dessen nah verwandter Vorfahr dieser Riesenhai war. Ein solcher Zahn muß tief im Zahnbett des Haies verankert gewesen sein, um der gewaltigen Kraft beim Zubeißen widerstehen zu können.

Man beachte, daß der fossile Zahn (oben rechts) und die Zähne zwischen den Kiefern des Makos alle in Lebensgröße dargestellt sind!

abbildungsgenau (und bei vielen Wirbeltieren für das Farbsehen zuständig). Katzenhaiaugen haben keine Zapfen, also sehen sie schlecht, schloß man.

Neuere Untersuchungen lassen daran zweifeln, daß Haie ganz allgemein über einen nur gering entwickelten Gesichtssinn verfügen. Man weiß heute von gewissen Spezialisierungen bei Haiaugen, die unangebracht erschienen, wenn Haie wirklich so schlecht sähen. Eine davon ist das „Tapetum lucidum", eine reflektierende Schicht hinter der Retina. Ein solches Tapetum findet man bei vielen Landtieren, z.B. bei Hunden und Katzen. Solche Augen leuchten grünlich auf, wenn die Tiere nachts in eine Lichtquelle starren. Das Tapetum dient beim Hai demselben Zweck wie bei einer nächtlich jagenden Katze — es verbessert das Sehvermögen bei schlechten Lichtverhältnissen. Da das Tapetum die auftreffenden Strahlen zurück durch die Retina reflektiert, verstärkt es das vorhandene Licht. Das Tapetum von Haien ist in gewisser Weise noch weiter entwickelt als das von Landtieren, da es unter gewissen Umständen auch ausgeschaltet werden kann — nämlich z.B. dann, wenn der Hai in flachem, sonnendurchflutetem Wasser schwimmt.

Heute gibt es direkte Beweise dafür, daß viele Haie sehr gut sehen. Samuel (Sonny) Gruber — der das Vorwort zu diesem Buch schrieb — hat das optische System des Zitronenhaies, *Negaprion brevirostris*, studiert. Gruber fand in der Retina des Zitronenhaies sowohl Stäbchen als auch Zapfen. Seitdem haben er und seine Kollegen Zapfen in den Augen vieler Knorpelfische nachgewiesen. Weitere Experimente mit Zitronenhaien haben gezeigt, daß diese Fische über ein relativ gutes Auflösungsvermögen und über eine sehr hohe Lichtempfindlichkeit verfügen.

Wer sich die Augen verschiedener Haie anguckt, ist beeindruckt von ihrer Verschiedenartigkeit. Einige, wie der Weißspitzen-Hochseehai, *Carcharhinus longimanus*, haben im Vergleich zu ihrer Körperlänge sehr kleine Augen. Andere, wie der Spitzschnäuzige Siebenkiemige Kammzähner, *Heptranchias perlo*, besitzen außerordentlich große Augen. Bei einigen Arten sind sie rund, bei anderen eher länglich. Oft ist die Pupille ein schwarzer Schlitz, bei manchen Haien ist das ganze Auge schwarz und die Pupille kaum zu erkennen. Die vielleicht bemerkenswertesten Augen findet man bei einem Drescherhai, dem großäugigen *Alopias superciliosus*, den man oft in Tiefen von 500 m und mehr findet. Seine riesigen Augen sind so am Kopf angeordnet, daß er aus der horizontalen Schwimmlage nach oben gucken kann. Vielleicht lokalisiert er seine Beute, wenn er die Meerestiefen durchstreift, als Silhouette gegen die hellere Oberfläche.

Obwohl Haie besser sehen, als man zuerst annahm, macht der Gesichtssinn nur einen kleinen Teil ihres sensorischen Apparates aus. Einige Haie jagen und gedeihen in trüben Gewässerzonen, wo selbst die besten Augen nicht viel ausrichten können. Um sich dort zurechtzufinden, verfügen Haie über einen ausgezeichneten Geruchssinn — d.h., sie können wasserlösliche Stoffe wahrnehmen, so wie wir Gerüche in der Luft registrieren. Weil es sich um gelöste Stoffe handelt, ähnelt ihr Geruchssinn jedoch auch unserem Geschmackssinn.

Die Riechrezeptoren liegen in zwei U-förmigen Nasengruben an der Unterseite des Kopfes. Die Gehirnbereiche, die für das Geruchsempfinden zuständig sind (die olfaktorischen Zentren), sind sehr groß und gut entwikkelt. Man hat Haie daher auch schon „schwimmende Nasen" genannt. Experimente haben gezeigt, daß ein Hai seine Beute allein aufgrund des Geruchs finden kann — Haie, deren Augen mit Kappen bedeckt waren, konnten tote Fische (die also nicht zappelten oder sich sonstwie bemerkbar machten) allein am Geruch erkennen und aufstöbern. Wenn ich einen toten

Fisch mitnehme, um Riffhaie zu füttern, wundere ich mich immer wieder, wie schnell sie den Köder riechen. Dabei zeigen Haie, die mit der Strömung schwimmen, kaum Interesse, ganz im Gegensatz zu solchen, denen die Strömung den Geruch des Fisches zugetragen hat — sie reagieren sofort und kommen herangeschossen.

Die Ohren eines Haies befinden sich an beiden Seiten des Hirnschädels; von außen sieht man jedoch nur eine kleine Pore als Öffnung. Das Gehör ist einfacher ausgebildet als bei Landtieren, denn Hören ist im Wasser leichter als an Land. Wasser leitet den Schall sehr gut und fast fünfmal so schnell wie Luft. So fehlen Fischen meist die „Feinheiten", die das Gehör von Landtieren auszeichnen — z.B. ein Trommelfell —, denn unter Wasser ist es schon laut genug. Donald Nelson von der Universität Kalifornien hat die Hörfähigkeit von Haien gründlich untersucht. Wenn er an pazifischen Riffen mit einem Unterwasserlautsprecher unregelmäßige, niederfrequente Schallwellen aussandte, so konnte er stets eine beträchtliche Anzahl von Riffhaien anlocken. Wahrscheinlich hielten die Haie die niederfrequenten Pulse für Geräusche eines zappelnden verletzten Fisches.

Doch Haie können nicht nur mit den Ohren hören — wenn man unter „Hören" das Wahrnehmen jedweder wassergetragener Vibrationen oder Druckschwankungen versteht. So gesehen gewinnt das Hören auch etwas von der Qualität unseres Tastsinnes. Neben den Ohren (die vornehmlich Schwingungen unter 1000 Hz registrieren) besitzen Haie wie Knochenfische einen Seitenlinienkanal, der sich rechts und links vom Kopf bis zum Schwanz erstreckt. Seine Sinnesorgane entsprechen denjenigen im Ohr — es sind sogenannte Haarzellen (Neuromasten) mit einem zentralen Sinneshaar, das in eine gelatinöse Kuppel eingebettet ist. Diese Haarzellen liegen im Kanal und stehen durch Poren mit dem Wasser in Kontakt. Sie registrieren alle Druckschwankungen rund um den Hai und liefern ihm so ein „Tastbild" seiner näheren Umgebung: Der Hai kann mit ihrer Hilfe Hindernisse auf Distanz „vorausspüren".

Besonders im Kopfbereich liegen weitere Haarzellen in Gruppen oder einzeln in Gruben. Anzahl und Verteilung variieren von Art zu Art; sie sind jedoch bei freischwimmenden Haien zahlreicher als bei trägeren, bodenlebenden Formen.

Zusätzlich zu diesen Sinnen, die unseren eigenen vergleichbar sind, verfügen Haie über sensorische Fähigkeiten, die uns fast übernatürlich erscheinen, denn sie sind uns nicht vertraut. So sind Haie z.B. in der Lage, Elektrizität wahrzunehmen. Am ganzen Kopf verstreut tragen sie säckchenförmige Sinnesorgane, die mit kleinen Poren nach außen münden. Es sind stark abgewandelte Haarzellen, die nach ihrem Entdecker „Lorenzinische Ampullen" heißen. Neuere Untersuchungen haben gezeigt, daß diese Lorenzinischen Ampullen auf schwache elektrische Felder reagieren. Auch wenn ein Beutetier sich perfekt tarnt oder eingräbt — die elektrischen Potentiale, die jedes Lebewesen aufgrund seiner Muskeltätigkeit ständig aussendet, verraten dem Hai seine Anwesenheit. Wie manche anderen Tiere können Haie auch das Magnetfeld der Erde wahrnehmen; möglicherweise nutzen sie diese Fähigkeit zur Navigation auf langen Wanderungen.

In Haien steckt offensichtlich mehr, als man auf den ersten Blick annehmen sollte. Sie sind komplexe, hochentwickelte Tiere mit einer ganzen Palette von leistungsfähigen Sinnesorganen. Als ebenso interessant und überraschend erwies sich das Verhalten der Haie. In den siebziger Jahren leisteten die Forscher Sonny Gruber und Arthur Myrberg Pionierarbeit am Mützen-Hammerhai, *Sphyrna tiburo*, einer kleineren Art. Die Tiere wurden in einem großen Areal unter möglichst natürlichen Bedingungen gehalten und von den Wissenschaftlern insgesamt etwa 1000 Stunden beobachtet.

Anatomie

Diese Abbildungen zeigen die wichtigsten äußeren Merkmale eines „typischen" Haies und die auffälligsten Abwandlungen, die sie bei bestimmten Arten erfahren haben.

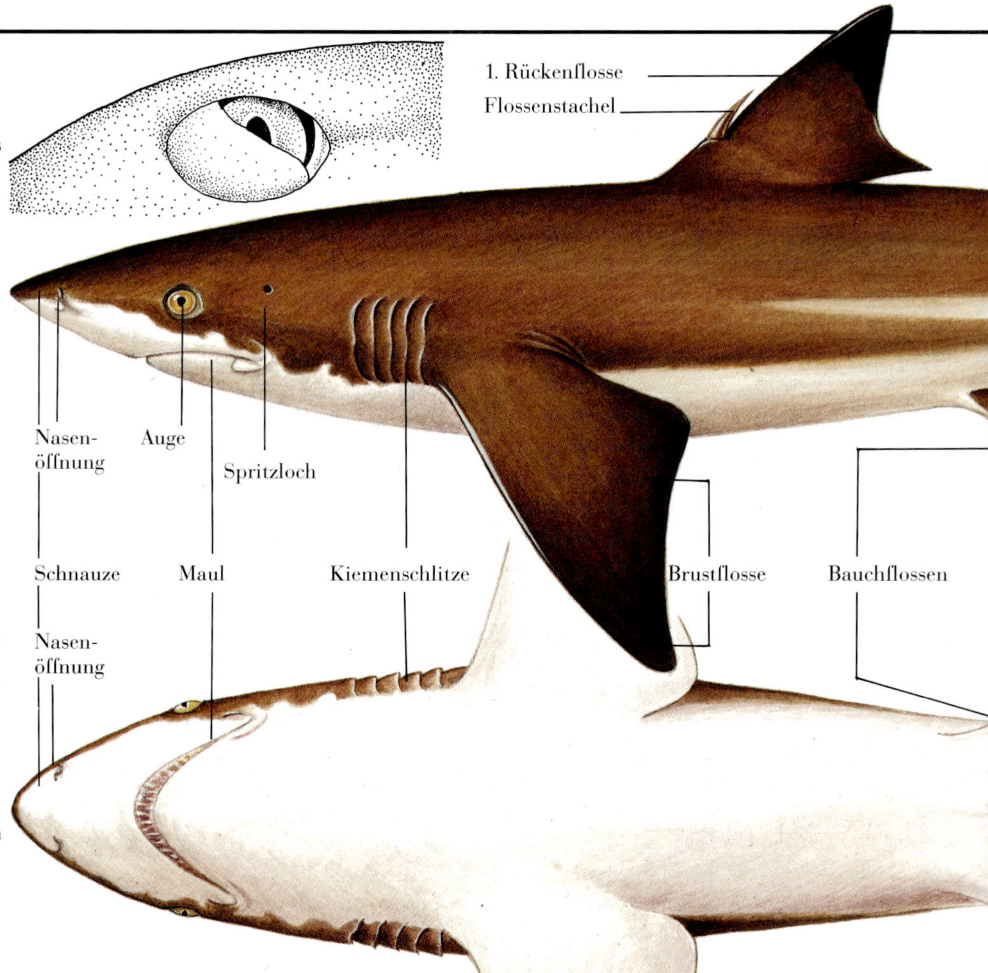

► Augen
In der Familie der Blauhaie und bei den Hammerhaien findet man ein drittes Augenlid, eine sogenannte Nickhaut. Sie besteht aus einer derben Hautschicht, die sich über das Auge stülpt und es beim Freßbiß des Haies vor Verletzungen schützt.

► Flossen
Der Vortrieb beim Schwimmen wird vom Schwanz und der Schwanzflosse geliefert. Die hier abgebildete Schwanzflosse ist heterozerk, d.h. die obere Fahne ist deutlich größer als die untere. Die Brustflossen kompensieren den leichten Abtrieb der asymmetrischen Schwanzflosse und dienen zudem als Stabilisatoren. Rücken-, After- und Bauchflossen verhindern, daß sich der Körper des Haies beim Schlagen der Schwanzflosse um seine Längsachse dreht. Viele Arten tragen als Schutz gegen Freßfeinde kräftige, oft giftige Flossenstacheln. Die männlichen Einführorgane oder Klasper liegen zwischen den Bauchflossen, von denen sie sich anatomisch ableiten.

▼ Kopf
Haie besitzen erstaunlich unterschiedliche Kopfformen. Der Sägehai hat eine abgeplattete, stark verlängerte Schnauze, die mit scharfen Hautzähnen bestückt ist. Die langen, empfindlichen Barteln spüren die Beute auf, die anschließend mit der Säge erlegt wird. Der Mako weist eine zugespitzte Schnauze auf, die den Strömungswiderstand verringert, um maximale Geschwindigkeiten zu erreichen. Der Nasenhai ist ein noch kaum erforschter Tiefseehai. Mit Hilfe seiner langen, dolchartigen Schnauze stöbert er wahrscheinlich seine Beute auf. Die seitlichen Ausbuchtungen am Kopf dieses „Flügelkopf-Hammerhaies", *Eusphyra blochii*, können die halbe Körperlänge betragen.

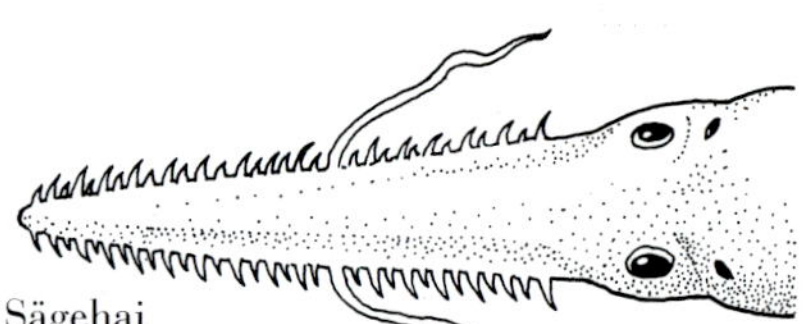
Sägehai

Mako
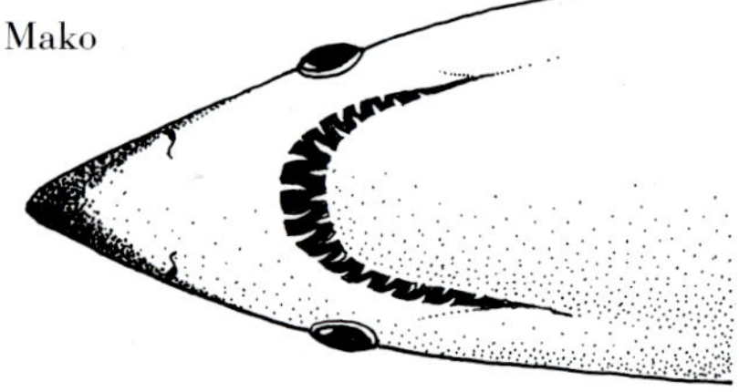

Nasenhai
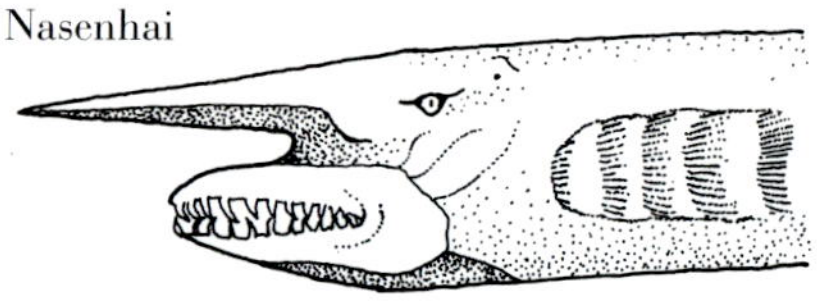

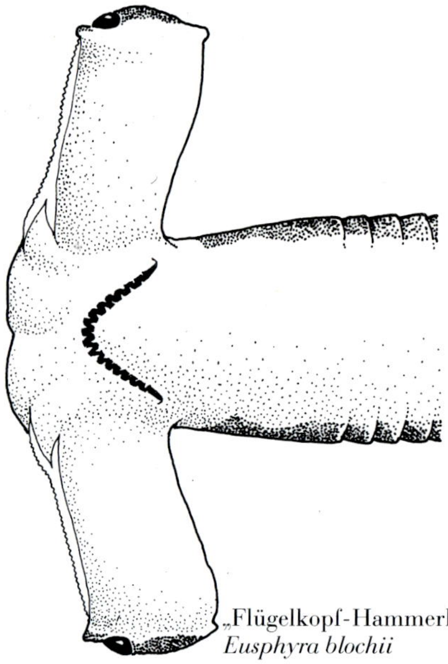
„Flügelkopf-Hammerhai"
Eusphyra blochii

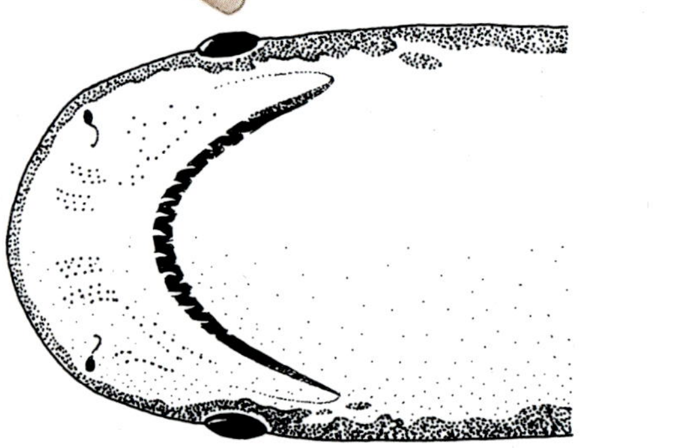

▲ Elektrorezeptoren
Die Lage der Elektrorezeptoren oder Lorenzinischen Ampullen an der Schnauze eines Tigerhaies. Die elektrosensiblen Sinnesorgane liegen in zahlreichen gallertgefüllten Poren. Räuberische Haie können damit die Muskelsignale ihrer Beute orten.

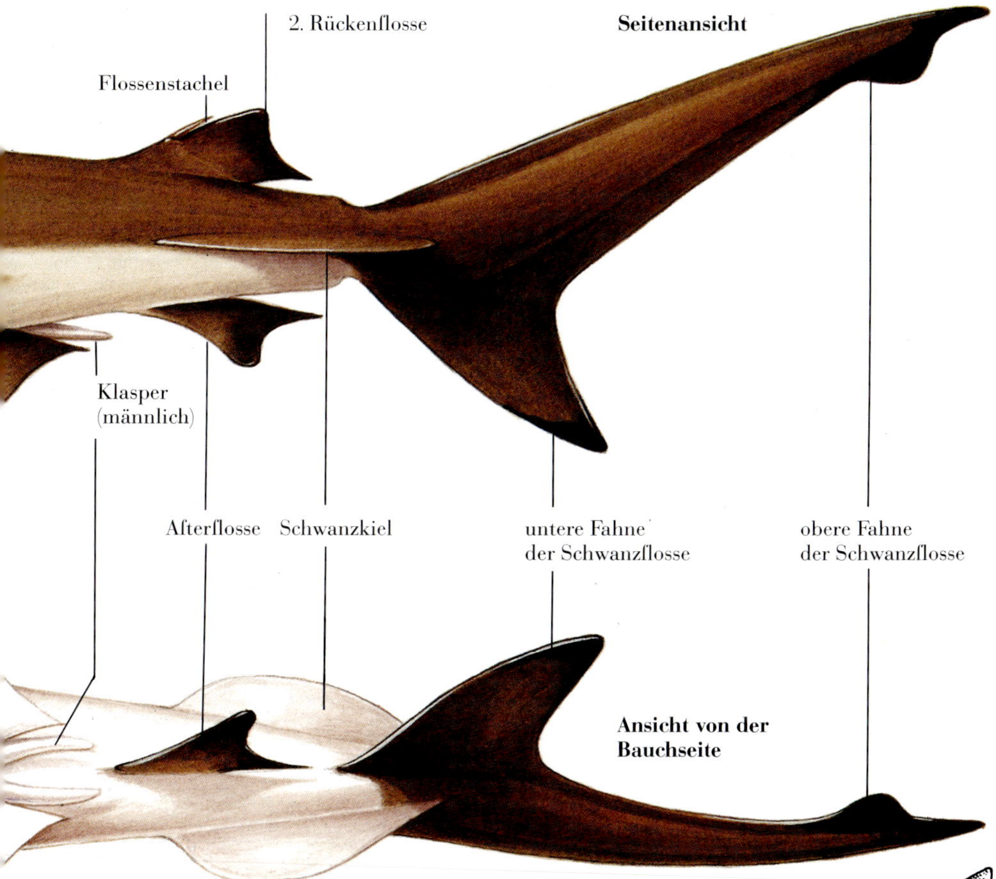

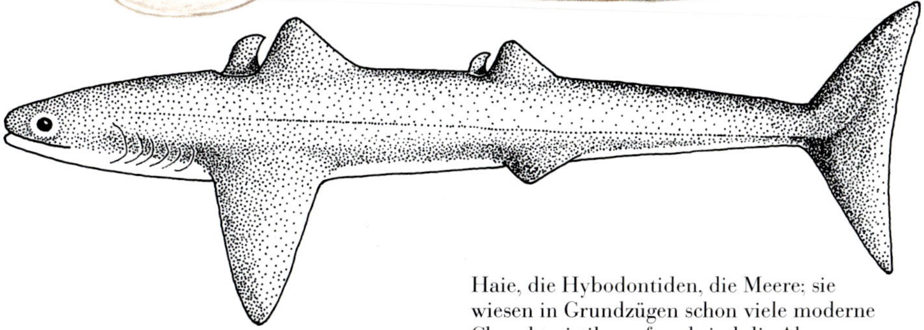

▲ Vom alten zum neuen Modell
Heutige Haie sind Abwandlungen einer evolutionsbiologisch alten und erfolgreichen Sippe. Im Gebiet des Eriesees in den Vereinigten Staaten hat man gut erhaltene Fossilien gefunden. Der oben abgebildete Hai *Cladoselache* ist vor etwa 225 Millionen Jahren ausgestorben; er wurde ca. 2 m lang. Ihm fehlte eine Afterflosse, und seine Flossenstacheln waren im Vergleich zu denen moderner Haie recht dünn. Sein Maul ist endständig und liegt nicht wie bei den heutigen Haien auf der Bauchseite (unterständig). Fossile Cladoselachier weisen keine Klasper auf; möglicherweise vermehrten sie sich noch durch äußere Befruchtung.
Die Frühgeschichte der Haibiologie ist kompliziert und noch kaum verstanden. Nach *Cladoselache* kamen und gingen andere Formen. Im Karbon (vor 345 – 270 Millionen Jahren) beherrschten primitive Haie, die Hybodontiden, die Meere; sie wiesen in Grundzügen schon viele moderne Charakteristika auf und sind die Ahnen unserer Haie. Während der Kreidezeit (vor 135 – 65 Millionen Jahren) starben die Hybodontiden aus und wurden von den Vorläufern neuzeitlicher Haie ersetzt. Zu den evolutionär jungen Anpassungen gehören eine durch Kalkeinlagerungen verstärkte Wirbelsäule, die die Schwimmfähigkeit verbessert und ein unterständiges Maul mit stärkeren Kiefern.

►▲ Schwanz
Den Extremfall des heterozerken Flossentypus findet man beim Drescherhai. Die obere Fahne des Schwanzes ist so stark verlängert, daß sich mit ihr die Körperlänge verdoppelt. Der Schwanz ist zu einer Waffe geworden, die der Drescherhai wie eine Sichel gebraucht. Damit schlägt und schneidet er sich seinen Weg durch eine Fischschule, bevor er sich umwendet und seine betäubten oder verwundeten Opfer verschlingt. Die erstaunliche Variationsbreite bei der Ausgestaltung der Schwanzflosse steht in direktem Zusammenhang mit der Art der Fortbewegung. Ammenhaie sind träge Bodenbewohner, die den Grund nur ungern verlassen. Sie schwimmen nur schlecht, und ihre Schwanzflosse ist wenig mehr als ein Paddel. Im Gegensatz dazu besitzen Vertreter der Blauhaifamilie eine Schwanzflosse, deren Form allein schon ihre Wendigkeit und Schnelligkeit verrät. Die obere Fahne ist elegant gestreckt und läuft von einer breiten Basis zu einer scharfen Spitze aus. Ähnlich sieht die Schwanzflosse eines Hammerhaies aus. Wenn diese Haie schwimmen, bewegt sich ihre Schwanzflosse in kräftigen und doch graziösen Bogenschwüngen.

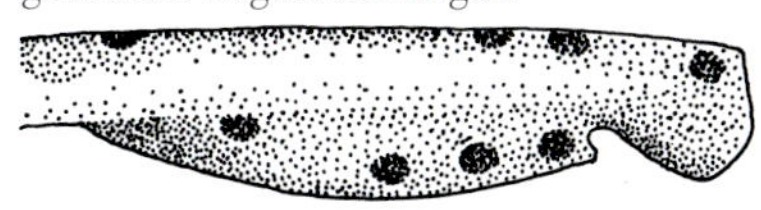

Ammenhai

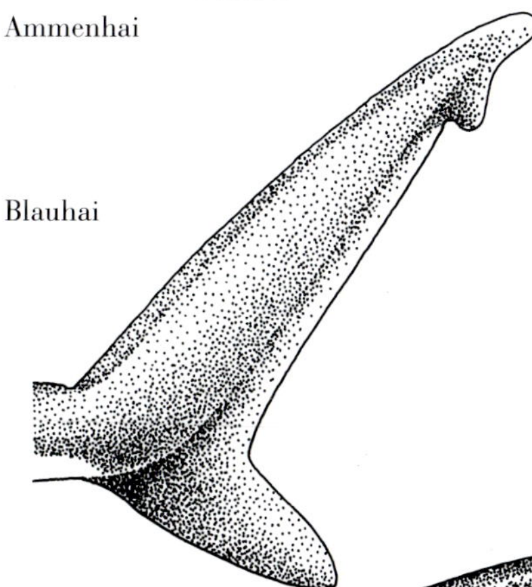

Blauhai

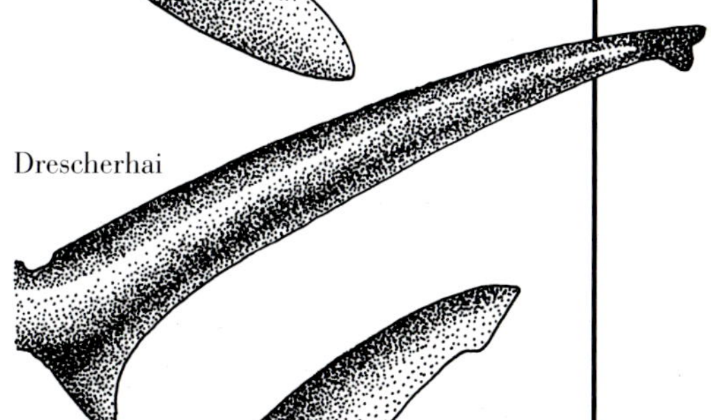

Drescherhai

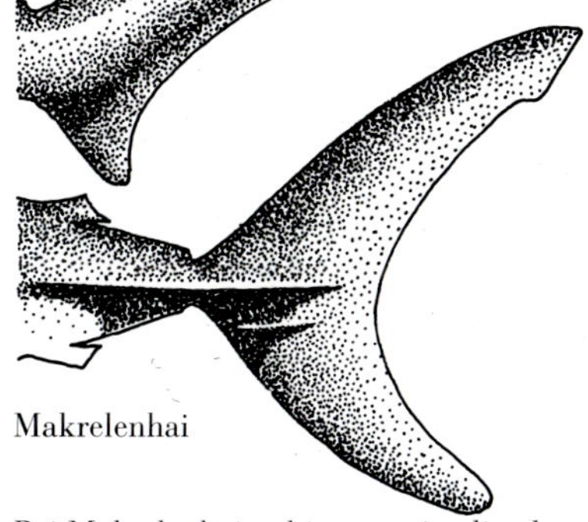

Makrelenhai

Bei Makrelenhaien hingegen ist die obere Fahne reduziert und die Schwanzflosse daher fast symmetrisch. Schwanzkiele verstärken den Schwanzstiel, so daß die Schwanzflosse praktisch unabhängig vom Körper schlagen kann. Makrelenhaie gehören zu den schnellsten Haien. Zwei Arten, der Heringshai und der Lachshai, besitzen zwei Kiele auf jeder Seite der Schwanzflosse.

Aufgrund dieser gründlichen Studien konnten die beiden Wissenschaftler 17 verschiedene Verhaltensmuster unterscheiden, von denen acht sozial orientiert waren (d.h., sie hingen von der Anwesenheit anderer Haie ab). Andere Forscher untersuchten das Verhalten von Haien in ihrer natürlichen Umgebung. Don Nelson studierte das bemerkenswerte Verhalten des Grauen Riffhaies, *Carcharhinus amblyrhinchos*. Peter Kimley vom Scripps Institut ist mit Bogenschnäuzigen Hammerhaien, *Sphyrna lewini*, getaucht und hat beobachtet, wie sie miteinander umgehen, wenn sie sich in der Cortez-See in großen Schulen versammeln. Alle diese Studien enthüllen ein soziales Niveau und ein komplexes Verhaltensrepertoire, das mit der traditionellen Vorstellung von Haien unvereinbar ist. Weit davon entfernt, primitive Geschöpfe von geringer Intelligenz zu sein, erweisen sie sich als hochentwickelte, soziale Tiere. Ich werde auf diese interessanten Untersuchungen später noch im Rahmen eigener Erfahrungen mit Haien zurückkommen.

Ein bedeutender Punkt der Haibiologie bleibt noch zu beschreiben — ihr Sexualverhalten: Paarung und Fortpflanzung. Auch in diesem Bereich sind Haie sowohl spezialisiert als auch fortschrittlich. Im Vergleich zu ihnen und ihren Verwandten nehmen sich die Fortpflanzungsstrategien der Knochenfische geradezu veraltet aus.

Die Eigentlichen Knochenfische oder Teleosteer pflanzen sich „ovipar" fort — mit anderen Worten, sie legen Eier, statt lebende Junge zu gebären. Bei den meisten Arten erfolgt die Befruchtung der Eier außerhalb des mütterlichen Körpers. Riesige Mengen an Eiern und Sperma werden gleichzeitig ins Wasser abgegeben. Wegen der enormen Anzahl der Eier besitzt jedes Ei nur einen relativ kleinen Dottervorrat, von dem sich der sich entwikkelnde Embryo ernähren kann. Daher ist der Jungfisch beim Schlüpfen klein und wenig entwickelt und benötigt noch lange Zeit bis zur Geschlechtsreife. Dieses System ist nicht ohne Probleme. Die meisten Eier und Jungfische werden gefressen, lange bevor die Tiere geschlechtsreif werden — daher werden auch ursprünglich so viele Eier gebraucht. Insgesamt gesehen geht diese Strategie auf, Teleosteer pflanzen sich erfolgreich fort. Doch welch eine Materialverschwendung!

Haie setzen auf eine ganz andere Fortpflanzungsmethode. Statt soviel Energie in die Massenproduktion von Eiern zu stecken, konzentrieren sie sich darauf, wenigen Jungen eine hohe Überlebenswahrscheinlichkeit zu garantieren. Genauso machen es Vögel oder Säugetiere. Die Befruchtung erfolgt im weiblichen Körper, und nur wenige, dafür aber große und weit entwickelte Junge werden geboren. Es sind Miniaturausgaben ihrer Eltern, die sich selbst durchschlagen können.

Eine innere Befruchtung setzt die Möglichkeit voraus, Samenflüssigkeit in den Körper des Weibchens zu injizieren. Männliche Haie besitzen aber — wie Knochenfische — keinen Penis. Statt dessen dienen ihnen die umgewandelten Innenteile beider Bauchflossen als Kopulationsorgane. Anhand dieser zwei deutlich sichtbaren „Klasper" kann man erwachsene Männchen und Weibchen gut voneinander unterscheiden. Während der Kopulation weisen die Klasper nach vorn. Oft ist nur einer funktionstüchtig, der dann in die Kloake des Weibchens eingeführt wird (Kloake: gemeinsame Öffnung von Geschlechts-, Harn- und Verdauungstrakt). In freier Natur ist die Paarung von Haien bisher nur selten beobachtet worden.

Doch einige kleine Haie haben sich im Aquarium gepaart, z.B. Stierkopfhaie (Fam. *Heterodontidae*). Bei dieser Familie packt das Männchen das Weibchen bei den Brustflossen, bevor es einen Klasper einführt.

Das Paarungsverhalten größerer Haie ist weitgehend unbekannt, doch sehr wahrscheinlich beißt das Männchen bei den meisten großen räuberischen Haiarten dem Weibchen im Verlauf des Paarungsrituals in Rücken und Flossen. Bei einigen Arten ist nämlich die Haut des Weibchens beträchtlich dicker als die des Männchens — das gilt z.B. für den Blauhai, *Prionace glauca*. Zudem findet man oft Weibchen mit frischen tiefen Bißwunden an Körper und Flossen.

Bei Haien gibt es drei grundsätzlich verschiedene Entwicklungsstrategien für den Embryo. Die primitivsten Haie sind ovipar; sie legen Eier wie andere Fische auch. Doch im Gegensatz zu den meisten Teleosteern werden nur wenige große, aber gut geschützte Eier produziert. Eine feste Eikapsel, gefüllt mit Dotter, umgibt die sich entwickelnden Jungen, die sich von der Dottermasse ernähren. Solche Eikapseln gibt es in allen Größen und Formen. Bei Stierkopfhaien sehen sie aus wie Korkenzieher, wobei diese seltsame Form durchaus ihren Sinn hat. Von Wellen oder Strömung bewegt, vergräbt sich ein solches Gebilde leicht selbsttätig im Sand. Bei anderen Arten tragen die Eikapseln lange, fädige Fortsätze an einem Ende, so daß sie sich sicher im Seetang verankern können. Das sind die „Meernixen-Börsen", die man manchmal als Strandläufer findet. Obwohl sich die Jungen außerhalb des mütterlichen Körpers entwickeln, stellt die Oviparie dieser Haiarten doch einen Fortschritt gegenüber derjenigen anderer Fische dar, weil die Befruchtung im Körper erfolgt und die Jungen beim Schlüpfen schon relativ groß sind.

Der zweite Entwicklungsmodus, der zugleich unter Haien am weitesten verbreitet ist, wird als Ovoviviparie bezeichnet (der Name ist komplizierter als das, was dahintersteckt). Bei diesem System bleiben die Eier im Mutterleib, und dort schlüpfen auch die Jungen. Jedes Ei besitzt einen großen Dottervorrat, der durch einen Gang direkt mit dem Embryo verbunden ist und im Verlauf der Embryonalentwicklung aufgezehrt wird.

Einige ovovivipare Arten haben sich in diesem Zusammenhang etwas ganz Besonderes einfallen lassen — Kannibalismus im Mutterleib. Das gilt für den Sandtiger, *Odontaspis* (auch: *Eugomphodus*) *taurus*, und verschiedene andere Arten. Der Embryo, der sich am schnellsten entwickelt und seinen Dottervorrat zuerst verbraucht hat, ernährt sich anschließend von den anderen Eiern und Embryonen im Mutterleib. Die meisten Eier dienen demnach als Nahrung, und im Endeffekt überlebt nur ein einziger Jungfisch. Obwohl es sich recht schaurig anhört, ist das lediglich eine sehr wirksame Methode, ein einziges, gut entwickeltes Jungtier in die Welt zu setzen; ein erfolgreicher Trend in der Evolution, dem auch wir Menschen uns angeschlossen haben.

Die dritte und fortschrittlichste Entwicklungsmethode ist die Viviparie oder das Lebendgebären. Hat der Embryo seinen Dottervorrat verbraucht, wird mittels einer Nabelschnur eine Placenta-artige Verbindung zwischen Mutter und Embryo hergestellt (Placenta: Mutterkuchen). Diese hochentwickelte Art der Versorgung, die an die Verhältnisse bei höheren Säugetieren erinnert, findet man bei Vertretern der Glatthaie (Gattung *Mustelus*), bei Blauhaien (Gattung *Carcharhinus*) und Hammerhaien (Gattung *Sphyrna*).

Da sie lebende Junge erzeugen, haben ovovivipare und vivipare Haie sehr viel weniger Nachkommen als andere Fische. Manchmal werden nur ein oder zwei Junge geboren, normalerweise weniger als zehn — Ausnahmen bilden nur der Gemeine Meerengel, *Squatina squatina*, mit bis zu 20 und der Grauhai (auch: Sechskiemiger Kammzähner), *Hexanchus griseus*, mit nicht weniger als 40 Jungen. Die Tragzeit eines Haiweibchens kann bei einigen Arten bis zu 22 Monate dauern, daher die beträchtliche Größe der Jungen bei der Geburt. So mißt ein neugeborener Riesenhai immerhin schon volle 1,50 m!

Wie sich Haie entwickeln
Die drei Arten der Embryonalentwicklung, die wir bei Haien finden, stellen jede für sich einen bedeutenden Fortschritt gegenüber den „verschwenderischen“ Methoden der Eigentlichen Knochenfische (Teleosteer) dar. Einige Haie sind ovipar, d.h. sie legen Eier wie die Teleosteer. Doch diese oviparen Haie legen nur wenige, große Eier mit reichlich Dotter für die sich entwickelnden Embryonen. Die Eier sind weich, aber sie härten aus, sobald sie in Kontakt mit Meerwasser kommen. Die hier abgebildete Eikapsel des Katzenhaies hat Fäden, mit denen sie sich im Tang verankern kann (nach Castro).
Ovoviviparie ist die bei Haien am weitesten verbreitete Entwicklungsmethode. Die Jungen schlüpfen bereits in der Gebärmutter (Uterus) des Weibchens aus den Eiern und ernähren sich aus ihrem Dottersack. Der unten abgebildete Embryo eines „Spitznasen-Haies“ *(Rhizoprionodan sp.)* stellt ein typisches Beispiel dafür dar.
Viviparie ist die fortschrittlichste Entwicklungsmethode. Lebendgebärende Haie haben einen verkleinerten Dottersack, und der Stiel, der ihn mit dem Embryo verbindet, ist verlängert und schafft eine Placenta-artige Verbindung zwischen dem Embryo und dem Körper der Mutter (Placenta = Mutterkuchen) (nach Castro). Haie haben diese Methode lange vor den Säugern entwickelt.

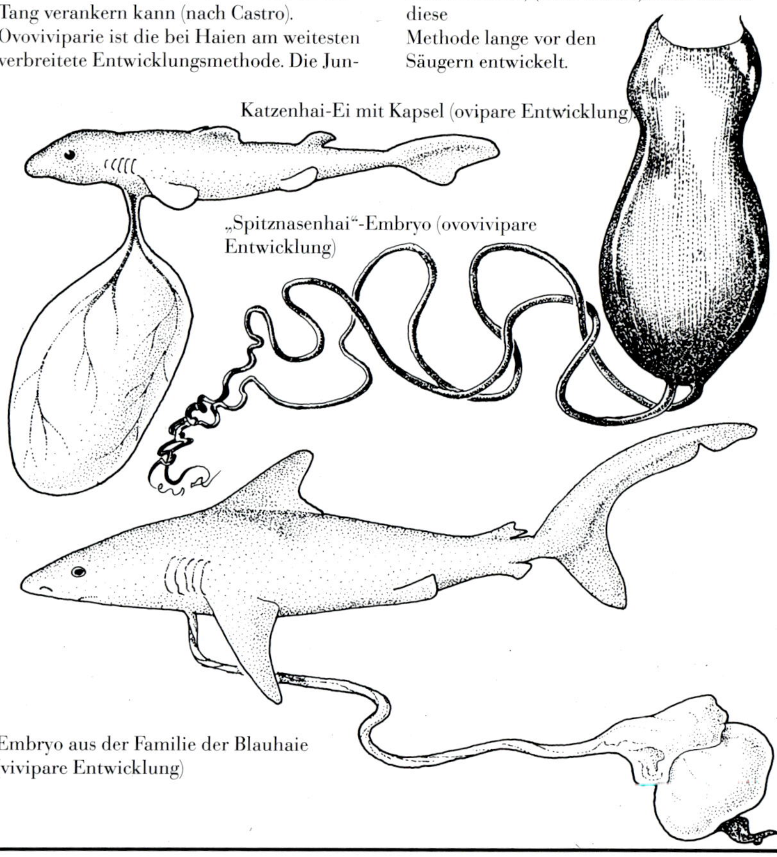

Katzenhai-Ei mit Kapsel (ovipare Entwicklung)

„Spitznasenhai“-Embryo (ovovivipare Entwicklung)

Embryo aus der Familie der Blauhaie (vivipare Entwicklung)

Der Küstensauger, *Remora remora*, gehört zu den Schiffshaltern oder Remoras. Das sind Knochenfische, deren erste Rückenflosse in ein Saugpolster umgewandelt ist. Mit diesem Saugorgan heftet sich der Fisch an ein Wirtstier; beim Küstensauger ist dies typischerweise ein Hai. Er frißt Ektoparasiten, z.B. kleine Ruderfußkrebse, die sich in der Haut seines Wirtes eingenistet haben, wahrscheinlich aber auch Brocken, die vom Tisch seines Meisters fallen. Hochträchtige Haie tragen oft mehrere Küstensauger mit sich herum. Wenn die Jungen geboren sind, fressen sie die Nachgeburt.

Wir kennen bisher rund 350 Haiarten — das sind nur 1% aller bekannten Fischarten, doch üben Haie eine Faszination auf uns Menschen aus, die in keinem Verhältnis zu ihrer Anzahl steht. Wenn die Weltmeere in Zukunft mehr und mehr erforscht werden, wird man zweifellos — besonders in der Tiefsee — noch weitere Haiarten entdecken. Aber schon die, die wir kennen, bilden eine höchst abwechslungsreiche, ihren unterschiedlichen Lebensbereichen perfekt angepaßte Tierordnung. Vieles bleibt noch zu erforschen, doch das, was wir bereits heute über Haie wissen, ist manche gute Geschichte wert.

Kapitel 3

Haie des Flachwassers

Long Island ist ein langgezogener grüner Landfetzen im Westatlantik, eine von etwa 700 Inseln, die zusammen die Bahamas bilden. Während das Flugzeug über die flachen, tropischen Küstengewässer glitt, konnte ich die zahllosen Rifformationen erkennen, die die Insel umsäumen und die sich als gezackte, braune Bänder über die See erstrecken. Es war im Sommer 1984, und ich war, auf der Suche nach Haien, die rund um diese Korallenriffe leben, auf die Bahamas gekommen. Mein Ziel war Stella Maris Inn auf Long Island, ein Hotel, das Taucher mit allem Nötigen versorgt und unter Wasser am Riff Haie anfüttert.

In der Hotelbar fand ich den Mann, der die Tauchgänge organisierte, Jason Burrows, einen hochgewachsenen, imponierenden Einheimischen. Sofort begann ich, ihn über Haie auszufragen, besonders über die Arten, die ich wahrscheinlich zu sehen bekommen würde. Zu meiner Überraschung erfuhr ich, daß die Tiere, die er fütterte, nicht zu den kleinen, harmlosen Arten, wie Schwarzspitzenhaien, *Carcharhinus limbatus*, oder Ammenhaien, *Ginglymostoma cirratum*, gehörten, wie ich angenommen hatte. Die meisten seiner regelmäßigen Dinnergäste waren Gemeine Grundhaie, *Carcharhinus leucas*, massige Tiere, die flache Gewässer bevorzugen und zur Familie der Blauhaie *(Carcharhinidae)* gehören. Blauhaie sind die dominierenden räuberischen Haie der tropischen Meere, und die Gemeinen Grundhaie, die 3,4 m lang und über 200 kg schwer werden können, gehören zu ihren imposantesten Vertretern. Jason versicherte mir, daß seine Grundhaie viel kleiner seien, nur ca. 2 m oder etwas weniger, aber ich blieb besorgt.

Einige Fachleute halten Grundhaie für die gefährlichsten Haie überhaupt, und das mit einigem Recht. Erstens bevorzugt dieser Hai flache Küstengewässer, wo er leicht auf Badende trifft. Zweitens wird dieser Hai sehr groß und ist im Geschmack nicht sehr wählerisch – Grundhaie fressen buchstäblich alles, was sich fressen läßt. Ihr Speisezettel reicht von anderen Haien über Rochen, Knochenfische, Seevögel, Meeresschildkröten bis zu verschiedenen Säugern – rund um die Welt hat man in den Mägen von Grundhaien Überreste von Hunden, Ratten, Antilopen und Menschen gefunden. Diese breite Nahrungspalette verdanken sie ihren kräftigen Kiefern mit den breiten, gesägten Zähnen. Und wie um meine Befürchtungen zu bestärken, erinnerte ich mich an Speerfischer in den Florida Keys, die von angriffslustigen Grundhaien aus dem Wasser gejagt worden waren. Alles in allem war mir in diesem Augenblick recht mulmig zumute. Aber Jason versicherte mir immer wieder, daß in all den Jahren, in denen er am Stella Maris Inn Haie füttere, noch keiner gebissen habe – wie aufgeregt sie auch werden, die Haie scheinen nur daran interessiert, die toten Fische zu finden, mit denen sie gefüttert werden.

Morgendämmerung über einer seichten, tropischen Lagune auf den Bahamas. In der Gezeitenzone, an der Schwelle zwischen Meer und Land, gedeihen Mangroven. Im Hintergrund watet ein Reiher auf der Suche nach Nahrung durch das flache Wasser. Bei Flut kommen besonders in den Abend- und Nachtstunden große Rochen und Haie in die Lagune, um zu fressen.

So begleitete ich Jason am nächsten Morgen zu seinen Haien. Wir luden unsere Ausrüstung ins Boot und machten uns daran, einige frische Fische zu fangen. Die Korallenbank, bei der man die Haie findet, liegt recht isoliert etwa 10 m unter Wasser auf sandigem Grund, zwischen Long Island und der Nachbarinsel Little Exuma. Jason speert seine Futterfische stets einige Kilometer entfernt an einem „Hai-freien" Riff. Er erklärte mir, daß der Geruch toter Fische im Wasser die Haie schon genug aufregen würde. Fische in Gegenwart von Haien zu speeren wäre tollkühn — sobald die Haie die Vibrationen eines zappelnden Fisches spürten, würden sie ohne Zögern darauf zuschießen. Das haben mir andere Taucher immer wieder bestätigt. Wenn ein Hai auftaucht, solange ein gespeerter Fisch noch zappelt, dann greift er höchstwahrscheinlich ohne Scheu an. Wenn der Fisch jedoch bereits tot ist und der Hai nur seinen Geruch wahrnimmt, dann nähert er sich langsamer und vorsichtiger.

Wir erreichten ein kleines Riff, und Jason machte sich bereit, ein paar Fische zu speeren. Er benutzte dazu eine „Hawaii-Schlinge" — einen langen Stahlspeer mit einer elastischen Schlaufe, mit der man den Speer abschießen kann. Ich blickte über den Bootsrand ins Wasser, das erstaunlich klar war. Ich konnte noch 7 m unter mir Einzelheiten an den Korallen und auf dem sandigen Grund erkennen. Ungeduldig, ins Wasser zu kommen, entschloß ich mich zu schnorcheln, während Jason Fische speerte. Den ersten Fisch erwischte er neben einem großen Korallenblock von etwa 10 m Länge. Der Fisch begann sofort am Speer zu zappeln. Als ich zur anderen Seite blickte, sah ich einen kleinen, hell gefärbten Hai von etwa 1,25 m Länge, der über dem Grund kreuzte. Anhand seines gewölbten Rückens identifizierte ich ihn als einen Schwarzspitzenhai, *Carcharhinus limbatus*. Er mußte das Zappeln des verwundeten Fisches gespürt haben und schwamm nun an dem Korallenblock hin und her, um die Quelle der Vibrationssignale zu finden. Von meinem Beobachtungsposten aus konnte ich die ganze Situation überblicken. Jason speerte Fische, nur 5 m entfernt von einem kleinen, verwirrten Hai, der offensichtlich nicht auf die Idee kam, rund um den Block auf die andere Seite des Riffs zu schwimmen!

Als Jason ein halbes Dutzend Fische gefangen hatte, kehrten wir ins Boot zurück und machten uns zum „Hai-Riff" auf. Die toten Fische lagen in einer Plastiktüte, und Jason wollte sie einen nach dem anderen, aufgespießt auf einen 3 m langen Speer, an die Haie verfüttern. Wir tauchten. Das Wasser war atemberaubend klar, und der helle Sandboden rund um das Korallenriff reflektierte eine Menge Licht. Ideal zum Fotografieren! Fast sofort erschienen zwei Haie. Einer war dick und hochträchtig, etwa 1,50 m lang, ein weiterer Schwarzspitzenhai. Dann glitt ein schlankerer, stromlinienförmiger Hai in unser Blickfeld, ein Karibischer Riffhai, *Carcharhinus perezi*. Jason nahm einen Fisch aus der Tüte, spießte ihn auf und streckte ihn den Haien entgegen. Als die Tiere den Köder rochen, begannen sie, schneller zu schwimmen, vor und zurück, behielten aber ihren Abstand bei. Sie waren sehr vorsichtig; manchmal schwammen sie sogar für eine Minute davon, bevor sie wieder erschienen. Ich überprüfte meine Kamera und wartete. Die Haie kamen näher und entfernten sich wieder. Dann erschien ein Grundhai. Mein erster Eindruck war der von Masse und gewaltiger Kraft, ein Körper, fast deformiert durch seine dicken Muskelpakete. Aber er verhielt sich genauso vorsichtig wie die anderen beiden Haie und blieb für ein gutes Foto viel zu weit entfernt. Nach etwa 15 Minuten erschien ein anderer Riffhai. Der zögerte nicht, sondern kam direkt und mit hoher Geschwindigkeit herangeschossen, um sich den angebotenen Fisch zu schnappen. Ich war völlig überrascht, und obwohl ich schnell auf den Auslöser drückte, wußte ich, daß ich den richtigen Augenblick verpaßt hatte. Jason spießte einen

Ein Gemeiner Grundhai nähert sich dem Riff; er sucht die Stelle, von der der betörende Geruch nach toten Fischen ausgeht. Bei dieser Ansicht ist der typische kopflastige, untersetzte Bau dieser Art gut zu erkennen. Bemerkenswert ist, daß dieser Grundhai nicht nur im Meer, sondern auch in Süßwasserflüssen und Inlandseen überall in den Tropen anzutreffen ist.

neuen Fisch auf, und ich hielt nach dem Grundhai Ausschau. Doch es war der Schwarzspitzenhai, der sich diesmal den Köder holte. Wir warteten weiter, einen weiteren Fisch im Angebot. Aber die Haie hatten genug und kamen nicht zurück. Daher leerte Jason seine Fischtüte, und wir kehrten zum Boot zurück.

Ich gestehe, ich war enttäuscht. Der Grundhai hatte wenig Interesse gezeigt, und die kleineren Haie waren scheu, ja furchtsam gewesen. Doch Jason versicherte mir, daß die Fütterung diesmal ungewöhnlich ruhig verlaufen sei, und versprach mir für den nächsten Tag mehr „Action". Er hatte recht. Als wir am nächsten Tag mit frischen Fischen zurückkehrten, entdeckten wir sofort den breiten, dunklen Schatten eines Grundhaies, der unter uns über den Sand glitt. Dann noch einer. Wir tauchten zu unserer

Futterstelle, und die Haie waren schon da. Drei recht große Grundhaie und ein kleinerer Karibischer Riffhai. Jason legte die Fischtüte in den Sand; ich postierte mich daneben und betrachtete die Grundhaie. Verglichen mit dem Riffhai wirkten sie häßlich und ungeschlacht. Ich löste meine Kamera aus, um zu testen, ob alles funktionierte. Der Blitz flammte auf und gab beim Wiederaufladen sein typisches lautes, schrilles Jaulen von sich. Ich hockte mich neben Jasons Fischtüte, um in optimaler Schußposition zu sein, wenn die Haie sich näherten.

Was ich in meinem fotografischen Eifer übersehen hatte, war der Zustand der Fischtüte. Sie war offen, und Blut und Fischöl sickerten langsam ins Wasser und umhüllten mich mit ihrem heimtückischen Geruch. Ich bemerkte zu spät, was geschah. Plötzlich kamen die Haie, aber nicht wegen der Fische — sie waren an mir interessiert. Einer nach dem anderen

Der Karibische Riffhai ist nicht so schwer gebaut und eleganter proportioniert als der Gemeine Grundhai. Diese Art kommt nur in wärmeren, küstennahen Gewässern im Westatlantik vor. Dieser Riffhai kann 3 m lang werden und ist in den klaren Riffgewässern, die er bevorzugt, als wendiger und starker Räuber bekannt.

schwammen sie heran und drehten erst im letzten Moment ab. Ich guckte mich nach Jason um und sah, daß er sich vernünftigerweise zwischen die Korallen zurückgezogen hatte. So wie ich nach totem Fisch stank, würde mir das kaum nützen — für einen Hai war ich so auffällig wie ein rotes Blinklicht. Mir war klar, daß ich nicht viel tun konnte, so blieb ich an meinem Platz und wartete auf die herankommenden Haie. Mehrmals mußte ich einem Hai meine Schwimmflossen auf den Kopf hauen, um ihn zum Abdrehen zu bewegen. Heute glaube ich, daß sie nur ihre Fische suchten, damals war ich mir nicht so sicher. Als sie vorbeirauschten, hörte ich einen dumpfen Laut — ob es das Geräusch ihrer Schwänze war, die das Wasser peitschten, oder aus dem Körperinneren kam, kann ich nicht sagen. Die Haie waren nun überall im Riff. Ein Grundhai näherte sich von vorn, und ich schoß ein Foto. Ich hörte das beruhigende Jaulen des Blitzgerätes beim Wiederaufladen, dann ein harter Schlag, und die Kamera wurde mir fast aus den Händen gerissen. Ein bleicher Bauch schoß von rückwärts über meinen Kopf. Einer der Haie hatte in das Blitzgerät gebissen… die Situation geriet allmählich außer Kontrolle, und ich zog mich nach oben zwischen die Korallenstöcke zurück. Die Haie starteten noch einige dreiste Ausfälle gegen mich, doch dann zogen sie sich zurück. Nach ein paar Minuten hatte sich der ganze Aufruhr gelegt, und wir kehrten ins Boot zurück.

An Bord entschuldigte sich Jason, daß er die Tüte offen gelassen habe, doch ich wußte, daß es mein eigener Fehler gewesen war – ich hätte mich nicht direkt daneben stellen dürfen. Ich dachte an den Hai, der in mein Blitzgerät gebissen hatte – oder genauer gesagt daran, daß er gebissen hatte, während das Gerät sich mit diesem schrillen Jaulen wieder auflud. Möglicherweise war es dieses Geräusch, das den Angriff ausgelöst hatte. Was auch immer der Grund für die Attacke gewesen war, ich wußte, daß ich

Rechts und unten
Mehrere untersetzte und bullige Gemeine Grundhaie tauchen vor mir auf. Angelockt vom Blut und Öl, das aus der Fischtüte sickert, kommen sie mit zunehmendem Selbstvertrauen näher und näher. Sie werden über 3 m lang; große und verfressene Räuber, die auch dem Menschen gefährlich werden können.

mich in eine potentiell gefährliche Situation hineinmanövriert hatte. Ich war unvorsichtig gewesen und würde in Zukunft bedachtsamer vorgehen müssen, wenn ich noch länger Haie fotografieren wollte.

Süd-Bimini, Bahamas

Ich freute mich über meine Aufnahmen von Grundhaien, doch ich wußte, daß noch viele andere Haiarten in den flachen Gewässern um die Bahamas und vor der Küste Floridas häufig vorkamen. Leider wußte ich nicht, wie ich sie finden sollte. Man kann Woche um Woche damit verbringen, tote Fische an verschiedenen Riffs als Köder anzubieten, in der Hoffnung, daß eine bestimmte Haiart auftauchen möge — aller Wahrscheinlichkeit nach wäre das nichts als Zeitverschwendung. Ich habe es trotzdem später im Jahr bei Andros Island versucht und nur einen einzigen, kleinen Karibischen Riffhai gesehen. Erst im Januar 1986 machte ich beim Fotografieren von Haien in diesem Teil der Welt einige Fortschritte. Im Dezember 1985 schrieb ich Sonny Gruber von der Universität Miami und erklärte ihm, daß ich daran interessiert sei, Haie aufzunehmen. Ich wußte, daß er wissenschaftliche Expeditionen in die Gewässer von Bimini und der Bahamas leitete, um Haie zu studieren. In meinem Brief listete ich die Haie auf, die ich dort gerne fotografieren wollte, darunter den Tigerhai, *Galeocerdo cuvieri*, und den Zitronenhai, *Negaprion brevirostris*. Sonny schrieb zurück, er könne garantieren, daß ich Bilder von diesen und mehreren anderen Haiarten bekommen würde. Die nächste Expedition startete fast sofort, nämlich Mitte Januar, so daß ich mich schnell fertigmachen mußte, wenn ich den Trip mitmachen wollte. Ich packte meine Ausrüstung und startete nach Miami, wo sich die Wissenschaftler, die an der Expedition teilnahmen, versammelten. Sie würden von Bord des Forschungsschiffes *Cape Florida* aus arbeiten. Ich bekam zwei Leute zugeteilt: Sonnys Assistent, Jeff Tatelman, sollte das Boot steuern, und Mike Braun würde mir unter Wasser mit den Haien helfen.

Ein noch nicht ausgewachsener Ammenhai, *Ginglymostoma cirratum*, ruht auf dem Grund eines schlammigen Gezeitentümpels vor den Florida Keys. Hier jagt er zwischen den algenüberwachsenen Felsen nach Krabben und Würmern, relativ gut geschützt vor den großen räuberischen Haien, die nachts in sein sumpfiges Reich eindringen, um nach Beute zu suchen.

Als alle versammelt waren und die letzten Vorbereitungen getroffen hatten, nahm die *Cape Florida* Kurs von Miami nach Bimini. Bimini liegt rund 90 km östlich von Miami, auf der anderen Seite des Golfstroms. Eigentlich sind es zwei Inseln, Nord- und Süd-Bimini. Nord-Bimini ist touristisch stärker erschlossen; Ernest Hemingway lebte dort, und der Fischreichtum des Golfstroms inspirierte den passionierten Angler zu vielen Stories. Süd-Bimini liegt einige hundert Meter entfernt und ist mit Nord-Bimini durch eine seichte, sandige Bai verbunden.

Diese winzigen Inseln liegen 440 km nordwestlich von Long Island, am anderen Ende der Bahama-Kette; ihre Küsten und Küstengewässer unterscheiden sich deutlich von denjenigen bei Long Island. Hier findet man keine Saumriffe, an der Küste reihen sich Lagunen und Mangrovensümpfe aneinander, so daß es schwierig ist zu entscheiden, wo das Land aufhört und das Wasser anfängt.

Mangroven sind Gewächse, die sich den lebensfeindlichen Bedingungen der Gezeitenzone perfekt angepaßt haben; bei Ebbe liegen ihre Wurzeln frei, bei Flut werden sie von Salzwasser umspült. Mangroven bilden die Basis eines komplexen Ökosystems. Ihr Wurzelsystem, mit dem sie sich im Boden verankern, hält Sedimente zurück, so daß sich in diesem Bereich ein Sumpf bilden kann. Wenn eine Mangrovenkolonie wächst und gedeiht, ziehen dort alle Arten von Tieren ein — über und unter der Wasserlinie. Pilze und Bakterien fördern das Verrotten der abfallenden Blätter; sie setzen so Nährstoffe frei, die wiederum anderen Organismen als Nahrung dienen.

Wenn man im schlammigen Wasser eines Mangrovenwaldes schnorchelt, begegnet man zahlreichen Krabben, Schnecken, Quallen und kleinen Fischen. Bei steigender Flut schwärmen ganze Schulen solcher Fischlein herbei, um zu fressen; bei fallender Flut ziehen sie sich wieder ins offene Wasser zurück. Meine ersten Erfahrungen mit Mangrovensümpfen machte ich in den Florida Keys, nur eine kurze Bootsfahrt südwestlich von Bimini. Die Küstenlinie Floridas setzt sich an dieser Stelle aus einem komplizierten Muster von kleinen Wasserläufen, Kanälen und Lagunen zusammen, die sich aus dem Wechselspiel zwischen Mangrovenwurzeln, Sedimentablagerung und Gezeitenströmung ergeben. Große Mangroveninseln, auf denen sich bereits viele andere Pflanzen und Tiere angesiedelt haben, trennen oft Binnengewässer (= Sund) vom offenen Meer ab. Beide Wasserzonen stehen durch Kanäle miteinander in Verbindung, die gewöhnlich weniger als 50 m breit sind und durch die Tide geht. Mein Bruder Nicholas hat viele Stunden in diesen Kanälen geangelt und so einen Eindruck von der faszinierenden Tierwelt gewonnen, die mit den Gezeiten kommt und geht. Tagsüber sind diese Wasserläufe fast verlassen; wenn man um diese Zeit einen Köder auswirft, wird man kaum etwas fangen.

Rechts und unten rechts
Tiere, die auf offenen Sandflächen leben, haben verschiedene Verteidigungsmittel entwickelt: der zu den Steinfischen gehörende *Inimicus sp.* besitzt gleich mehrere davon. Er kann sich im Sand vergraben, so daß nur Augen und Maul herausschauen. Für Räuber fast unsichtbar, lauert er so auf Krabben oder kleine Fische, die ihm zu nahe kommen. Wenn man ihn ausgräbt, richtet er seine giftigen Rückenstacheln auf, die schmerzhafte Wunden verursachen können.

Doch nachts, wenn das Wasser zurückströmt, sieht es ganz anders aus. Ungefähr eine halbe Stunde lang ziehen Tarpune in großer Zahl zurück ins offene Meer. Man kann Tarpune — auch ohne sie zu fangen — an den charakteristischen Schluckgeräuschen erkennen, die sie an der Wasseroberfläche von sich geben. Wenn der Strom der Tarpune endlich abnimmt, durchqueren Haie die Kanäle — Zitronenhaie, Ammenhaie, Schwarzspitzenhaie und Mützen-Hammerhaie, alle etwa 1,50 m lang. Dann, nach einer halben Stunde hektischer Aktivität, kehrt wieder Ruhe ein.

Die Haie sind nicht immer da. In manchen Nächten fehlen sie; in anderen wiederum, unter scheinbar gleichen Bedingungen, sind die Kanäle buchstäblich gefüllt mit Haien. Vielleicht kommen sie nicht jede Nacht — oder sie kehren durch andere Kanäle ins Meer zurück. Was auch immer der Grund sein mag — entweder trifft man sie in großer Zahl an oder gar nicht. Die meisten Haie sind nachtaktiv; vermutlich folgen Haie und Tarpune den Beutefischen, die mit den Gezeiten kommen und gehen.

In der Lagune von Bimini findet man dasselbe Muster: nächtliches Einschwimmen von Haien und anderen Raubfischen auf der Suche nach Nahrung. Aber nicht nur darum ist Sonny Gruber von dieser Gegend fasziniert. Er sagte mir an Bord der *Cape Florida:* „Die Schönheit der Lagune von Bimini liegt für mich darin, daß wir hier den ganzen Lebenszyklus großer Haie verfolgen können. Im Frühsommer kommen die trächtigen Weibchen des Zitronenhaies in das seichte Wasser des Mangrovenwaldes, um ihre Jungen zu gebären. Dann können wir das Heranwachsen der jungen Haie studieren. Hier sind sie vor Räubern relativ sicher, wenn sie sich auch vor ihren erwachsenen Artgenossen in acht nehmen müssen. Wenn sie eine Länge von ca. 1,50 m erreicht haben, wagen sich die jungen Zitronenhaie in tieferes Wasser. Nachts kommen die ausgewachsenen Tiere über den seichten Sandboden in die Lagune, um zu fressen. Fügt man diese Mosaiksteine zusammen, so ergibt sich ein recht vollständiges Bild vom Lebenszyklus der Zitronenhaie."

Ein Teil von Sonnys Forschungsprojekt besteht darin, die täglichen und saisonalen Ortsveränderungen der Zitronenhaie zu registrieren. Dazu werden die Haie gefangen, mit einem Radiosender ausgerüstet und wieder freigesetzt. Anschließend kann man die Haie anhand ihrer individuellen Radiosignale identifizieren und ihren Weg verfolgen. Nach und nach soll der Meeresboden rund um Bimini mit Monitoren ausgestattet werden. Dann können die Positionen der Zitronenhaie, die sich mit ihrem Sender in der Lagune bewegen, automatisch und kontinuierlich registriert werden; die Daten werden anschließend per Computer analysiert. Das Schöne an diesem System ist, daß — wenn alles klappt! — über Monate hinweg automatisch Daten gesammelt werden, die den Forschern detaillierte Informationen über die Ortsveränderungen der Haie liefern. Ein anderes Experiment, das gerade läuft, beschäftigt sich mittels implantierter Elektroden bzw. eines Elektrokardiographen mit der Herzschlagfrequenz von Haien. Damit möchten die Wissenschaftler die Stoffwechselprozesse der Haie besser verstehen lernen.

Um Haie zu fangen, werden im seichten Wasser hinter Süd-Bimini Haken mit Ködern ausgelegt. Diese Haken sind mit Drahtseilen an einer langen Zentralleine befestigt, die über den Boden verläuft. Kurz vor Sonnenuntergang werden sie mit Ködern versehen, und am nächsten Morgen prüfen die Wissenschaftler, welche Haie den Köder geschluckt haben. Die Haie werden vorsichtig von der Leine gelöst, an Bord der *Cape Florida* gehievt, vermessen und mit einem Radiosender ausgerüstet. Bevor sie wieder ins Wasser entlassen werden, bekommen sie noch eine Tetracyclin-Injektion; das schadet ihnen nicht, sondern färbt nur ihr Rückgrat an.

Wenn ein Hai wächst, bilden sich in seinem Rückgrat ringförmige Wachstumszonen, die man mit dieser Anfärbetechnik sichtbar machen kann. Falls der Hai später einmal wiedergefangen wird, wird man die durch Tetracyclin gefärbte Zone in seiner Wirbelsäule entdecken. Vergleicht man Fangdaten und Längenzuwachs des Haies, so lassen sich daraus wertvolle Informationen über seine Wachstumsgeschwindigkeit ableiten. Schließlich wird dem Hai noch eine Blutprobe entnommen und zentrifugiert, um die Blutzellen vom Serum zu trennen. Das Serum wird bei Versuchen benutzt, ein Heilmittel gegen AIDS zu finden, denn Haiblut hat eine bemerkenswerte Eigenschaft. Höhere Wirbeltiere haben komplexe Antikörper entwickelt, die zwar meist sehr erfolgreich arbeiten, aber wegen ihrer hohen Spezifität nicht immer mit neuen Krankheiten fertigwerden. Im Gegensatz dazu erzeugen Haie einfachere Antikörper, die — gerade weil sie nicht nur auf ein ganz bestimmtes Antigen festgelegt sind — auch gegen neue Erreger wirksam sind. Haie sind auch für Krebsforscher interessant, da sie — anders als andere Fische — keinen Krebs bekommen. Möglicherweise können diese interessanten Eigenschaften der Haie eines Tages Menschen von großem Nutzen sein.

Natürlich werden auch andere Arten als Zitronenhaie gefangen, und einige Haie sterben an den beköderten Haken, doch ihr Tod ist nicht sinnlos. Leber und Muskulatur der Tiere werden auf Schwermetalle untersucht. Diese Analyse umfaßt 27 Metalle und bestimmt ihre Konzentration. Damit kann die Verschmutzung des Meerwassers durch Industrieabfälle belegt werden. Anhand von Hautproben untersucht man die Morphologie der Hautzähne (Placoidschuppen). Der Mageninhalt gibt Auskunft über den Speiseplan des Haies, und Systematiker vermessen den Körper und präparieren das Gebiß heraus. Es werden auch Experimente am Hormonsystem durchgeführt, um Fortpflanzung und Entwicklung der Haie besser verstehen zu lernen. Besonders interessieren die Forscher dabei die Parallelen, die in der Embryonalentwicklung von lebendgebärenden placentalen Haien und Säugern wie uns Menschen auftreten.

Ich kenne niemanden, dem der Schutz von Haien mehr am Herzen liegt als Sonny Gruber, doch er hält das Töten der Haie im Rahmen dieser Experimente für vertretbar: „Die wenigen Haie, die wir untersuchen, benötigen wir, um die Dynamik der hiesigen Population zu verstehen. Mit den Informationen, die wir hier sammeln, können wir die Art als Ganzes besser schützen. Wir versuchen, Haie als unverzichtbaren Bestandteil des marinen Ökosystems zu verstehen. Mehrere Haiarten sind schon heute durch Überfischen beinahe ausgerottet — z.B. der Glatthai aus dem Pazifik, der Heringshai aus dem Nordatlantik und der kubanische ‚Nachthai' aus dem tropischen Westatlantik.

Wir wissen aus Untersuchungen an Zitronenhaien im Aquarium, daß diese Tiere nicht so häufig oder so viel fressen, wie man vielleicht meinen sollte. Ein Zitronenhai verliert pro Tag etwa 1% an Körpergewicht und kann bis zu 20 Tage ohne Nahrung auskommen. Normalerweise fressen Zitronenhaie nur jeden dritten oder vierten Tag. Wenn sie fressen, dann nicht viel: Vielleicht 5% ihres Körpergewichts. Wenn man das weiß, dann wundert es nicht mehr, daß Zitronenhaie 15 bis 20 Jahre bis zur Geschlechtsreife benötigen. Wir sind gerade dabei, einen Überblick darüber zu gewinnen, wie sich kommerzieller Fischfang in großem Maßstab auf Haipopulationen auswirkt. Die Ergebnisse sind sehr beunruhigend. Erwachsene Haie gibt es nur wenige; sie leben weit verstreut und sind oft Jahrzehnte alt. Sie können dem großen Druck, den der kommerzielle Fischfang oder in vielen Fällen auch Sportfischer ausüben, nicht standhalten."

Ein unangenehmer Augenblick, als dieser gefangene Zitronenhai auf mich zuschnellt. Obwohl seine Reichweite von der Leine eingeschränkt wird, an der er hängt, halte ich meine Metallstange bereit, um ihn, falls nötig, abzuwehren. Zitronenhaie sind im Pazifik und auch im Atlantik vor Nord- und Südamerika häufig anzutreffen, doch sie bevorzugen tropische Küstengewässer. Manchmal trifft man sie in sehr seichtem Wasser an (Kinderstube für die Jungen). Zuweilen dringen sie sogar ins Süßwasser vor, doch nicht in dem Ausmaß wie der Gemeine Grundhai.

Ein paar Stunden nachdem wir Miami verlassen hatten, erreichten wir Süd-Bimini, und die *Cape Florida* ging vor Anker. An diesem Abend befand sich das ganze Schiff in einem Zustand kaum verhüllten Chaos. Wissenschaftler, die zum Teil sogar aus Japan angereist waren, bereiteten ihre Ausrüstung vor, um möglichst bald mit ihren Untersuchungen anfangen zu können. Als schließlich alles soweit war, kam Mike Braun zu mir herüber und meinte:

„Wir werden auf jeden Fall Zitronenhaie fangen, so bis zu 2,50 m Länge. Auch Tigerhaie, ich hatte schon Exemplare von über 4 m an der Leine. Wenn wir Glück haben, einen Grundhai – sie werden auch ganz schön groß, aber es ist nicht die beste Jahreszeit für sie. Und wir sollten Schwarzspitzenhaie, Ammenhaie und ein paar kleinere Arten, wie ‚Spitznasen-‘ und ‚Schwarznasen-Haie‘, bekommen. Wir werden auch eine lange Leine herablassen, so etwa 30 m tief, vielleicht beißt ein Großer Hammerhai an. Ich helf' dir mit den Haien unter Wasser. Wenn wir einen finden, den du fotografieren willst, mach' ich ihn von der Leine ab und beleb' ihn dir wieder.“

Früh am nächsten Morgen erfuhren wir, daß ein 2,50 m langer Zitronenhai am Haken hing, und Jeff Tatelman und ich machten uns mit seinem Boot sofort zur anderen Seite von Süd-Bimini auf den Weg. Bald erreichten wir die Flachwasserzone, in der ein Wissenschaftler den Hai gefunden hatte. Mike überprüfte Leinen und Haken, aber er rief mich über Funk:

„Jeremy, paß' auf! Tigerhaie sind am Haken okay, aber Zitronenhaie versuchen zu beißen.“

Ich nahm mir seinen Rat zu Herzen, und Sonny wiederholte diese Warnung. Daher nahm ich eine Stange mit ins Wasser, um mich, wenn nötig, zu verteidigen.

Das Wasser war nicht so klar, wie ich erhofft hatte: Die Sichtweite betrug höchstens 3 m. Ich konnte den Hai auf dem Sandboden erkennen. Er schluckte Wasser und preßte es durch die Kiemen, um genügend Sauerstoff zu bekommen. Jedes Mal, wenn er das Maul öffnete, konnte ich sein prachtvolles Gebiß bewundern. Der Hai war nicht richtig zitronengelb, eher blaß ocker gefärbt und massig — mindestens 100 kg schwer, vermutete ich. Ein bösartig aussehendes Geschöpf. Der Hai hob vom Boden ab und versuchte davonzuschwimmen, doch wegen der Leine kam er nicht weit und sank in den Sand zurück. Ich hockte mich vor ihn, die Stange griffbereit, um den Hai, falls nötig, damit abzuwehren. Genau in dem Augenblick, als ich eine Aufnahme machte, schnappte er nach mir, um gleich darauf wieder zu Boden zu sinken. Ich schoß noch ein paar Fotos und kehrte dann zum Boot zurück. Jeff fragte mich, ob ich warten wolle, um den Hai zu fotografieren, wenn er nach dem Vermessen und Markieren freigesetzt würde. Ich blickte auf das trübe Wasser und überlegte, daß ich sehr nahe an den Hai herangehen müßte, um ein gutes Bild zu machen. Dann erinnerte ich mich an seine Angriffslust und verzichtete lieber darauf.

Am nächsten Tag erreichte uns die Nachricht, auf die ich gewartet hatte. Ein 2,50 m langer, wohlgenährter Tigerhai hing an einem Haken in seichtem Wasser. Tigerhaie gehören zu den eindrucksvollsten tropischen Haien. Ihren Namen verdanken sie den tigerähnlichen Streifen an beiden Seiten, aber er paßt auch zu ihrem räuberischen Naturell. Die Streifen verblassen bei größeren Exemplaren — und Tigerhaie werden wirklich sehr groß. Es gibt gelegentlich Berichte über Tigerhaie von über 5 m Länge; andere, unbestätigte Reports sprechen von noch viel größeren Tieren. Wie bei vielen anderen Haiarten werden die Tigerhai-Weibchen bedeutend größer als die Männchen. Man weiß von Tigerhaien, daß sie Menschen fressen. Sie haben viele Merkmale mit anderen gefährlichen Arten, wie dem Gemeinen Grundhai, gemeinsam: ein riesiges Maul, gesägte Zähne und ein sehr breites Beutespektrum. Tigerhaie fressen fast alles: jede Art von Fischen, einschließlich anderer Haie und Rochen, marine Säuger, Tintenfische und Kraken, große Krebse, Krabben, Schalentiere, selbst Quallen und Seeschlangen. Man findet Tigerhaie weltweit in tropischen Meeren und im Pazifik. Je nachdem verschmähen sie auch Aas nicht — tote Schweine, Hunde und Rinder — und verschlingen selbst Holz und Metall. In vielen Teilen der Welt sind Tigerhaie sehr gefürchtet. Glücklicherweise geraten sie bei ihrer Nahrungssuche nur selten in Kontakt mit Menschen. Den Tag verbringen sie in größeren Tiefen und wagen sich nur nachts in flacheres Wasser. Große Tigerhaie kreuzen ohne Zweifel nachts vor den Küsten vieler Badestrände.

Ich sprach mit Mike, und wir entwarfen einen Schlachtplan. Für wissenschaftliche Zwecke waren bereits genug Tigerhaie gefangen worden, daher sollte dieser hier freigelassen und gleichzeitig fotografiert werden. Mike erzählte mir, daß Tigerhaie — wie gefährlich sie unter normalen Umständen auch immer sein mögen — sich am Haken fast fügsam benehmen. Daher entschieden wir, den Hai in einen etwa 30 m breiten, seichten Kanal mit klarem Wasser zu verfrachten. Dort sollte Mike ihn — Kopf in meine Richtung — freilassen. Da das Wasser flach und der Kanal relativ eng war, würde der Hai nicht in eine andere Richtung ausweichen können und auf mich zuschwimmen. Mike erklärte mir auch, daß Tigerhaie in eine Art Schockzustand verfallen, wenn man ihren Rücken berührt. Sobald ein Tigerhai einen Druck auf seinem Rücken spürt, hört er auf zu schwimmen und sinkt zu Boden. Das gab mir die Möglichkeit, den Hai zu stoppen, falls er versuchen sollte, an mir vorbeizuschwimmen, bevor ich mit meinen Aufnahme fertig war — alles, was ich tun mußte, war, ihn am Rücken zu pak-

Oben
Wie vom Gemeinen Grundhai weiß man auch von Tigerhaien, daß sie zuweilen Menschen angreifen. Sie besitzen ebenfalls ein gewaltiges Maul mit gesägten Zähnen und fressen fast alles. Zuweilen durchwühlen sie in seichtem Wasser den Sand nach Hummern, Krabben und Rochen.

Links
Wieder im Wasser, erholt sich dieser Tigerhai bei Bimini schnell. Mit jedem Schwanzschlag schwimmt der Hai ein wenig schneller. Nachdem er seine Kiemen ein paarmal kräftig durchgespült hat, erwacht er aus einem schwachen Trancezustand.

ken, und dann würde er wie ein Stein zu Boden sinken. Jeff, Mike und mir gelang es mit einiger Mühe, den schweren Hai ins Boot zu schaffen und ihn zu beruhigen. Mike wickelte einen nassen Lappen um seinen Kopf, und der Hai lag ganz still. Dann fuhren wir hinüber zum Kanal, wie wir geplant hatten. Sobald wir den Hai ins Wasser zurücksetzten, sank er nach unten, und einen schrecklichen Moment lang dachte ich, er sei tot. Doch Mike sprang hinterher und begann, ihn zu bewegen, stieß ihn sanft vorwärts, um Wasser durch seine Kiemen zu pressen. Langsam erholte sich der Hai. Ich folgte den beiden und nahm meine Position im Kanal ein. Dann ließ Mike den Hai frei. Das eben noch halbtote Tier kam sehr viel schneller auf mich zugeschwommen, als ich erwartet hatte — er hatte sich erstaunlich rasch erholt. Ich machte so viele Aufnahmen, wie ich konnte, und als er dann an mir vorbeischwamm, folgte ich Mikes Anweisungen, griff zu und hängte mich an seine Rückenflosse. Zu meiner Überraschung funktionierte die Methode wunderbar. Der Hai hörte sofort auf zu schwimmen und sank zu Boden, so steif wie ein Kätzchen, das man am Nackenfell packt.

Bevor der Hai wieder wegschwimmen konnte, bekam Mike ihn zu fassen, während ich den Kanal weiter entlang schwamm und meine Kamera wieder in Stellung brachte. Dann machten wir das ganze nochmal. Nach

Rechts oben: Der kleine „Spitznasen-Hai" *(Rhizoprionodon porosus)* lebt in der Karibik, vor den Bahamas und in den wärmeren atlantischen Regionen vor Südamerika. Man kann die Schwänze von zwei Jungtieren aus der Kloake dieses Weibchens austreten sehen. Obwohl nahe mit der Gattung *Carcharhinus* verwandt, deren Vertreter lebendgebärend sind, sind „Spitznasen-Haie" ovovivipar. Die Jungen ernähren sich während ihrer Entwicklung von ihren großen Dottersäcken. Sie haben keine Verbindung zur Mutter über eine Placenta.

Rechts: Ein 2,5 m langer Ammenhai, der vor Bimini mit einer langen Leine gefangen wurde.

Ein weiterer Hai, der vor Bimini mit einer langen Leine gefangen wurde, diesmal ein kräftiger Schwarzspitzenhai, *Carcharhinus limbatus*. Er gehört zur Familie der Blauhaie und ist an seiner langen Schnauze, dem gewölbten Rücken und den charakteristischen schwarzen Flossenspitzen zu erkennen.

einigen weiteren Versuchen wurden wir zu richtigen Experten, doch jedesmal kam der Hai ein wenig früher wieder zu sich und schwamm ein bißchen schneller. Es war klar, daß er sich allmählich von seinem Schockzustand erholte und bald gefährlich werden konnte. Beim nächsten Durchgang schwamm er noch schneller an mir vorbei, er war wieder fit. Ich entschied mich, ihn diesmal passieren zu lassen, und sah ihm nach, bis er den Kanal verließ und irgendwo mit dem tiefgelben Sand der Lagune verschmolz.

Die folgenden Tage brachten uns noch mehr Haie. Ein trächtiges Weibchen eines „Spitznasen-Haies", *Rhizoprionodon porosus*, wurde gefangen, als die Schwänze zweier Jungen bereits aus ihrer Kloake hingen. Als ich ankam, war Guido Dingerkus, einer der Wissenschaftler, gerade dabei, das Weibchen durchs Wasser zu bewegen, um es am Leben zu halten und mir die Gelegenheit zu verschaffen, zu fotografieren. Weitere „Spitznasen-Haie" wurden gefangen, und auch einige „Schwarznasen-Haie", *Carcharhinus*

Eines Nachmittags, als ich bei Bimini schnorchelte, schwamm eine Gruppe Gefleckter Adlerrochen, *Aeobatus narinari*, an mir vorbei. Einer von ihnen (im Vordergrund) wies unverkennbare Bißwunden eines Haies an der Spitze seiner Brustflosse auf. Trotz ihres widerhakenbewehrten, giftigen Stachels an der Schwanzbasis stehen Adlerrochen auf der Speisekarte vieler tropischer Haie ganz oben.

Dem dunklen Fleck an der Schnauzenspitze verdankt der „Schwarznasen-Hai“, *Carcharhinus acronotus*, seinen Namen. Dieser kleine Vertreter der Gattung *Carcharhinus* lebt in den wärmeren küstennahen Zonen des Westatlantiks. Ausgewachsen mißt er meist nicht über 1 m; daher muß er sich vor seinen größeren, räuberischen Verwandten in acht nehmen.

Links
Der Große Hammerhai, *Sphyrna mokkaran*, an der langen Leine, der größte, kräftigste und aggressivste Vertreter dieser Gattung. Er kommt weltweit in allen tropischen Meeren vor und hat eine breite Nahrungspalette, doch Rochen sind sein Leibgericht. Man nimmt an, daß Große Hammerhaie nomadisch leben und sowohl die Hochsee als auch flache Küstengewässer durchstreifen.

Unten
Ein 2,75 m langer „Dicknasen-Hai", *Carcharhinus altimus*, verschwindet in der Tiefe. Dieser große, kräftige Vertreter der Blauhaifamilie hat sein Jagdrevier vornehmlich über dem steil abfallenden Rand des tropischen Kontinentalschelfs. Dieses Exemplar wurde von einem Fischer vor Miami, Florida, aus 200 m Tiefe emporgehievt, fotografiert und wieder freigesetzt.

Nächste Seite
Die Unterwasserlandschaft im Flachwasser gemäßigter Meere ist reich an Tang. Doch keine Tangart ist auffälliger als der kalifornische Große Kelp. Diese wunderbare Pflanze bildet große Unterwasserwälder, in denen sich zahllose Tiere tummeln. Hier hat sich eine Schule von Chilenischen Bastardmakrelen, *Trachurus symmetricus*, im Schutz der Tangwedel versammelt.

acronatus, doch leider waren sie am nächsten Morgen tot. Jeden Tag hoffte ich auf die Nachricht, daß ein Großer Hammerhai an der langen Tiefwasser-Leine hinge. Zwei Tage vor Ende der Expedition geschah es. Wir eilten sofort dorthin, um den Hai zu fotografieren und beteten, daß er noch lebte. Aber als wir ankamen, mußten wir feststellen, daß das Tier bereits tot war. Alles in allem war ich mehr als zufrieden — ich hatte sieben Haiarten in diesen Gewässern fotografiert. Aber wenn doch nur der Große Hammerhai überlebt hätte! Ich wußte damals noch nicht, daß ich bald eine riesige Schule von Hammerhaien im Roten Meer sehen sollte (s. Kapitel 4).

Catalina Island, Kalifornien

Wenn man sich aus den warmen Gewässern der Bahamas nordwärts begibt, ändert sich das Artenspektrum der Haie, auf die man trifft. Wie bereits

erwähnt, hängt bei den meisten Haien die Stoffwechselrate weitgehend von der Umgebungstemperatur ab, obwohl einige Arten ihre Körpertemperatur deutlich über der des Wassers halten können. Wenn man sich also nach Norden begibt und die Temperaturen fallen, werden bestimmte Haiarten häufiger, andere seltener und bleiben schließlich ganz aus. Die Wassertemperatur beeinflußt die Stoffwechselleistung der Haie nicht nur direkt, sondern es kommen weitere, indirekte Effekte hinzu, die ihre Verteilung bestimmen. So ist die Löslichkeit von Gasen temperaturabhängig. Das hat Einfluß auf das gesamte Tierleben im Meer, da die Menge an gelöstem Sauerstoff entscheidend für ihre Atmung und damit fürs Überleben ist. Sauerstoff löst sich in warmem Wasser bedeutend schlechter als in kaltem. In flachen tropischen Lagunen habe ich Sauerstoffperlen (die von allen Pflanzen während der Photosynthese gebildet werden) von Algen am Meeresboden nach oben emporsteigen sehen. In kaltem Wasser passiert das nicht so

Ein junger Leopardenhai von ungefähr 70 cm Länge; ausgewachsene Leopardenhaie werden nicht größer als 1,60 m. Ihre Färbung, ein mattes Braun, ist eine perfekte Tarnung, da sie sich häufig über und auf dem Meeresgrund aufhalten.

leicht — der freigesetzte Sauerstoff löst sich sofort im Wasser. Daneben spielen andere Faktoren, wie z.B. die Reinheit des Wassers, seine Lichtdurchlässigkeit, ozeanische Strömungen und das Vorkommen von Beutetieren, bei der Verbreitung bestimmter Haiarten eine Rolle.

Einige Arten mit einer geringen Toleranz für Temperaturschwankungen wandern saisonal nach Norden bzw. Süden, um in ihrem bevorzugten Bereich zu bleiben. Andere, denen solche Schwankungen weniger ausmachen, folgen ihrer Beute auf ihren Wanderzügen. Daher gibt es keine klare Trennungslinie zwischen Haien der tropischen und der gemäßigten Meere. Einige Arten sind in beiden Zonen häufig anzutreffen — so der Makohai, *Isurus oxyrinchus*, der in den tropischen, subtropischen und gemäßigten Gewässern weltweit verbreitet ist, da er ein weites Temperaturspektrum toleriert. Der Blauhai, *Prionace glauca*, zieht zwar kühlere Gestade vor, man findet ihn aber nicht nur in gemäßigten Zonen, sondern auch in den Tropen. Hier verbringt er die meiste Zeit in tieferen Wasserschichten, wo es kühler ist — der Fachausdruck dafür ist „tropisches Abtauchen" (tropical submerge).

Die mittlere Oberflächentemperatur des Ozeans vor Kalifornien (nördlich von Baja) liegt zwischen 10 und 20 °C. Das nennt man einen gemäßigten oder gemäßigt-warmen Bereich (zur Unterscheidung von dem weiter nördlich gelegenen gemäßigt-kalten oder borealen Bereich mit Temperaturen zwischen 5 und 10 °C). Die Wassertemperatur ist somit niedriger als in tropischen Regionen (einschließlich Florida und den Bahamas, obwohl sie nördlich vom „Wendekreis des Krebses" liegen), in denen die Durchschnittstemperatur des Meerwassers mehr als 20 °C beträgt. Vor der kalifornischen Küste fühlt sich das Wasser selbst bei Sonnenschein kühl an, doch diese Küstenregion besitzt eine große Anziehungskraft für Taucher, denn hier findet man einen einzigartigen Lebensraum, den „Tang-Wald".

Die Hauptpflanze im Tang-Wald ist der Große Kelp, *Macrocystis pyrifera*. Einzelne Pflanzen können aus 30 m Tiefe bis zur Oberfläche emporranken, um ihre breiten Wedel, die an grüne Schirme erinnern, im Sonnenlicht zu baden. Ein gesunder Tang-Wald kann mehrere Quadratkilometer bedecken. Doch Tang-Wälder sind verhältnismäßig selten, denn sie benötigen ganz bestimmte Lebensbedingungen. Wichtig sind ein felsiger Untergrund, auf dem die Pflanzen sich festheften können und eine starke Strömung, die genügend Nährstoffe mit sich führt. Wenn sich der Tang-Wald einmal etabliert hat, bietet er vielen anderen Arten einen Lebensraum. Hunderte von verschiedenen Pflanzen und Tieren — darunter andere Algen, Würmer, Weichtiere, Krabben, Seesterne und zahlreiche Fische — finden in dieser reichen grünen Welt Schutz und Nahrung.

Im August 1986 konnte ich Don Nelson und einige seiner Studenten nach Catalina Island, 30 km vor der kalifornischen Küste, begleiten. Don ist Biologieprofessor an der Universität von Kalifornien, Long Beach. Sein Spezialgebiet sind Haie, und seine Leidenschaft ist es, sie nicht im Labor, sondern in freier Natur zu studieren.

Einer von Dons Studenten, Rocky Strong, arbeitet am Hornhai, *Heterodontus francisci*. Dieser seltsam aussehende Hai gehört zur Familie der Stierkopfhaie und ist in den seichten Gewässern um Catalina Island recht häufig. Während des Trips versprach mir Rocky, mich auf seine Tauchgänge mitzunehmen und mir ein paar Hornhaie zu zeigen, so daß ich sie fotografieren könne. Dann wollten wir — wenn wir noch genug Luft und Zeit hatten — tiefer hinabtauchen und nach dem Pazifischen Engelhai, *Squatina californica*, Ausschau halten.

Ich hatte bereits zwei andere, in diesen Gewässern häufige Haie aufgenommen — den Leopardenhai, *Triakis semifasciata*, und den „Ballonhai",

Cephaloscyllium ventriosum aus der Familie der Katzenhaie. Beide sind aus verschiedenen Gründen interessant, doch ich war nicht ihretwegen nach Catalina Island gekommen. Der Leopardenhai und der „Ballonhai" sehen in etwa so aus, wie man sich einen Hai vorstellt, bei Engelhai und Hornhai dagegen findet man stärkere Abwandlungen vom Grundbauplan. Die Aussicht, beide auf einem Tauchgang zu fotografieren, war aufregend für mich.

Ausgerüstet mit unseren Tauchanzügen und Geräten, machten wir uns zu der Boje auf, an der wir abtauchen wollten. Die Strömung arbeitete gegen uns, und Rocky und ich benötigten mehr Zeit, als wir gedacht hatten, um die Boje zu erreichen. Obwohl sie nur 30 m entfernt war, kamen wir nur sehr langsam vorwärts. Ich schleppte zwei voluminöse Unterwasserkameras mit, was mich noch langsamer als Rocky machte, der allmählich einen Vorsprung gewann. Ich beneidete ihn um seinen trockenen Tauchanzug — in meinem nassen Anzug drang mir die Kälte des Oberflächenwassers bis in die Knochen, und ich wußte, daß es tiefer unten noch kälter werden würde. In den letzten Jahren war ich immer in tropischen Gewässern getaucht, und ich war nicht an Kälte gewöhnt.

Zehn trübe Meter unter mir konnte ich gerade noch den Boden ausmachen — Sand und verstreute Algenmassen. Es erinnert mich an Tauchgänge vor vielen Jahren an der Südküste von England. Dann entdeckte ich unter mir einen dunklen Schatten, der sich über den Sand bewegte. Sein Körper war abgeflacht und geformt wie ein Drachen, mit einem langen, kräftigen, haiartigen Schwanz. Das mußte ein Geigenrochen sein, ein Tier, das halb wie ein Rochen, halb wie ein Hai aussieht. Ich wäre liebend gern hinuntergetaucht, um ihn zu fotografieren, aber bei dieser Strömung hätte ich zu lange gebraucht. Bis ich den Boden erreicht hätte, wäre der Rochen längst verschwunden gewesen. Und Rocky ebenso. So widerstand ich der Versuchung.

Endlich erreichten wir die Boje und hielten uns daran fest, um einen Augenblick auszuruhen. Dreißig Minuten, um 30 m zu schwimmen! Dann stellten wir unsere Uhren und hangelten uns an der dicken, muschelbesetzten Kette der Boje herab, um zu verhindern, daß die Strömung uns abtrieb.

Oben und rechts
Der „Ballon-Hai", *Cephaloscyllium ventriosum*, hat eine raffinierte Verteidigungstechnik entwickelt: Er füllt seinen Magen mit Wasser oder Luft und vergrößert so seinen Umfang. Ein erschreckter Hai kann z.B. Wasser schlucken und sich so in einer Felsspalte einklemmen, aus der man ihn dann nicht mehr herauszerren kann. Da er recht langsam ist, jagt der „Ballon-Hai" am Boden schlafende Fische. Manchmal schwimmt sogar ein Fisch irrtümlich in sein riesiges, geöffnetes Maul.

Mit jedem Meter, den wir hinabtauchten, nahm die Strömung ab, doch dafür wurde es kälter. Bei 18 m erreichten wir Grund — Fels und Sand, bedeckt von den dunkelgrünen Wedeln des Kelp.

Rechts fiel der Boden steil ab. Rocky begann sofort, nach Hornhaien zu suchen, die den Tag in felsigen Höhlen, versteckt unter Algen, verbringen. Er hob mehrere breite Kelpwedel auf und sah darunter. In weniger als einer Minute fand er einen kleinen Hornhai, der im Schatten eines Kelpwedels ruhte. Es war ein Jungtier, etwa 40 cm lang und — anders als die erwachsenen Tiere — braun gefleckt. Rocky forderte mich auf, das Tier zu fotografieren. Aber da gab es ein Problem. Beim Aufheben des Kelps hatten wir den Sand aufgewühlt, und das Wasser war zu trübe. Ich machte ein paar Aufnahmen — für den Fall, daß dies der einzige Hornhai sein sollte, den ich jemals zu Gesicht bekäme — und deutete an: „Ich bin fertig." Rocky nahm den kleinen Hai und steckte ihn in eine Tasche; er sollte markiert, gemessen und dann wieder freigesetzt werden. Wir suchten weiter und fanden einen anderen großen Hornhai von über 3 m Länge. Aber wieder wurde zuviel Sand durch unsere Suche aufgewirbelt, als daß ich ein gutes Foto hätte machen können. Ich versuchte, das Rocky klarzumachen, und ich wies nach unten. Wir mußten uns eine andere Methode ausdenken, um Hornhaie zu fotografieren, darum dachte ich, wir könnten jetzt auch gleich nach den Engelhaien suchen. Wir tauchten am Algenabhang entlang abwärts, und plötzlich wurde das Wasser noch kälter — wir hatten die Thermokline passiert, die Berührungszone zweier Wasserschichten von ganz verschiedener Temperatur und Dichte. Wegen dieses Temperatursprungs unterscheiden sich die Tiere über der Thermokline oft beträchtlich von denjenigen, die unterhalb leben.

Das Wasser war nun unangenehm kalt — höchstens noch 14 °C. Wir tauchten auf 32 m herab, wo der Abhang plötzlich in Sandboden überging. Wir befanden uns auf dem Grund einer grünen Welt, in die nur noch trübes Licht drang. Rocky schwamm herum und suchte den Boden ab, besonders dort, wo Sandboden und Tanghügel ineinander übergingen. Dann stoppte er und deutete neben mich. Ich starrte nach unten — nichts zu sehen außer Sand und einigen grauen Kieseln. Er fuhr fort, auf die Stelle zu weisen, so daß ich genauer hinsah. Dann wurde mir klar, daß die Kiesel gar keine Kiesel waren, sondern Farbtupfer von etwas, das halb im Sand begraben lag. Ich konnte einen Schwanz erkennen und, mehr oder weniger deutlich, einen Kopf. Es war ein Engelhai, etwa 1,50 m lang. Seine Tarnung war zu perfekt, um ein Foto von ihm zu machen. Daher wedelte ich vorsichtig mit der Hand, um die Sandschicht über dem Hai zu entfernen. Das ließ er sich nur kurze Zeit gefallen, dann erhob er sich mit einem lässigen Flossenschlag aus dem Sand und verschwand in der Tiefe.

Unsere Tauchzeit ging zu Ende, daher tauchten wir auf und ließen uns von der Strömung zu Don Nelsons Forschungsschiff, der *Discovery*, zurücktreiben. Während Rocky die beiden Hornhaie, die er gefangen hatte, vermaß, wog und markierte, diskutierte ich mit Don die Probleme, die ich würde lösen müssen, wenn ich diese beiden Haiarten fotografieren wollte. Er schlug vor, ich sollte später am Tag vor einem kleinen felsigen Eiland, genannt Ship Rock, tauchen, das sich etwa eine Meile von unserem Ankerplatz aus dem Meer erhob. Don erklärte, das Wasser dort sei meist klar und die Meeresfauna und -flora atemberaubend. Der Große Kelp, *Macrocystis pyrifera*, bildet grüne Arkaden und Gewölbe, zwischen denen sich zahllose Fischschwärme tummeln. Hornhaie sind in ihren Höhlen nur schwer auszumachen, doch Engelshaie findet man in tieferem Wasser häufig im Sand eingebuddelt.

Am Nachmittag bereitete ich mich auf meinen Tauchausflug am Ship Rock vor. Larry Smith, ein anderer von Dons Studenten, sollte mich begleiten. Larry beschäftigt sich mit chemischen Hai-Abwehrmitteln, sogenannten Repellents — das sind chemische Stoffe, die Haie abstoßen und daher (vielleicht!) Haie von einem Angriff abhalten können. Als wir am Ship Rock ankamen, konnte ich den dunkelgrünen Kelp erkennen, der eine dicke Schicht auf der Wasseroberfläche bildete. Einige Seelöwen tummelten sich im Kelp, als wir uns ins Wasser gleiten ließen. Sofort sah ich, daß das Wasser hier klarer war als an unserer vorherigen Tauchstelle. Larry tauchte zum Grund hinab, und ich folgte ihm. Ich sah viele Fische, die mich an ihre Vettern in tropischen Gewässern erinnerten. In 10 m Tiefe erreichten wir den felsigen Boden, auf dem eine Fülle verschiedener Algen wogten, jede Art anders geformt und in einer anderen grünen oder braunen Schattierung gefärbt. Der Lebensreichtum um uns herum war überwältigend. Leuchtend orangefarbene Garibaldifische flitzten überall über die Felsen, dazwischen tummelten sich zahllose, weniger auffällige Arten. Wir folgten dem felsigen Abhang nach unten und schlängelten uns durch Zwischenräume zwischen den großen aufstrebenden Kelpsäulen. Ich blickte zur Oberfläche hinauf und fühlte mich an das Märchen von „Jack und der Bohnenranke“ erinnert. In 25 m Tiefe gelangten wir durch dieselbe bitterkalte Thermokline in eine dunklere, eintönigere Welt. Bei 33 m ging der Felshang in Sandboden über.

Überall gab es Engelhaie — auf dem Sand, einige eingegraben, einer frei liegend, alle ohne sich zu bewegen. Ich schwamm 10 m und zählte zwölf Haie. Als ich etwas tiefer ging, nahm die Zahl allerdings schnell ab. Vielleicht lagen so viele am Rande des Tang-Waldes im Hinterhalt, um die Fische zu schnappen, die den Schutz der Felsen und Pflanzen auch nur kurzzeitig verlassen. Ich suchte mir ein Exemplar für meine Aufnahmen heraus, es blieb regungslos an seinem Platz, ohne meine Anwesenheit auch nur zur Kenntnis zu nehmen.

Don erzählte mir, daß einer seiner Kollegen die Anzahl der Engelhaie rund um Catalina Island auf ca. 4000 schätzt — eine erstaunliche Populationsdichte in diesem kleinen Areal. Ich fragte ihn, wie man zu so einer Angabe kommt, und er erklärte mir die Methode: „Stell dir vor, du hast einen Pott mit Reis, und du möchtest wissen, wieviel Reiskörner er ungefähr enthält, ohne sie zu zählen. Statt dessen nimmst du eine bestimmte

Ein Engelhai ruht sich in seinem sandigen Bett am Fuße des kalifornischen Tangwaldes aus. Dies hier ist ein erwachsenes Männchen — man kann die nach hinten stehenden Klasper zu beiden Seiten der Bauchflossen erkennen. Diese räuberische Art ist im Pazifik vor der Küste Nord- und Südamerikas weit verbreitet.

Anzahl Körner — sagen wir, 100 — heraus und markierst sie mit einem Farbtupfer. Du tust sie in den Pott zurück und schüttelst ihn kräftig, so daß sich alle Reiskörner gründlich miteinander mischen. Jetzt nimmst du eine Probe aus dem Pott — sagen wir, wieder 100 Körner. In dieser Probe findest du 10 markierte Reiskörner. Du weißt, du hast 100 Körner markiert, und das Verhältnis von markierten zu unmarkierten Körnern beträgt 1:10. Daher müssen sich im Pott etwa 10mal mehr Körner befinden, als du markiert hast, mit anderen Worten, rund 1000. In der gleichen Weise fängt und markiert man eine bekannte Zahl von Engelhaien oder anderen Tieren. Dann werden sie wieder freigelassen und mischen sich unter die übrige Population. Zu einem späteren Zeitpunkt bestimmt man die Anzahl von markierten zu unmarkierten Tieren in einem Fang. Aus diesem Verhältnis kann man die Populationsgröße grob abschätzen. Man nennt das die ‚Markierungs- und Wiederfang-Methode'."

Jetzt, da ich Engelhaie fotografiert hatte, blieben noch die Hornhaie auf meiner Liste. Rocky erklärte mir, daß sie nachtaktiv sind und erst in der Dämmerung aus ihren Tagesverstecken kommen. Sie klettern dann mit ihren breiten Brustflossen über den felsigen Untergrund und suchen nach Seeigeln. Auf Nahrungssuche begeben sich Hornhaie sogar in Flachwasserzonen, die nicht tiefer als 10 m sind. Rocky beschäftigte sich mit der Ortsveränderung von Hornhaien, daher hatte er einige mit Radiosendern versehen. Wenn er vom Boot aus ein Hydrophon ins Wasser hält, kann er jeden so markierten Hornhai aufspüren, identifizieren und verfolgen.

Es war nicht schwierig, ihn zu überreden, mich in dieser Nacht auf seinem Tauchgang mitzunehmen. Einige Stunden später bewegte sich unser Boot langsam über das dunkle Wasser der Bay, um einen Hai zu finden. Das Signal leitete uns zu einem flachen Felsenriff, und als wir hinun-

Der Kalifornische Stierkopfhai (oder Hornhai), *Heterodontus francisi*, benutzt seine kräftigen Brustflossen, um bei seiner Suche nach Seeigeln über Felsen zu klettern. Seine Zähne sind zu einem pflastersteinartigen Gebilde verschmolzen und optimal geeignet, sein Lieblingsfutter aufzubrechen und zu zermalmen. Man beachte die freiliegenden Flossenstacheln an beiden Rückenflossen. Dieses erwachsene Exemplar ist ca. 1 m lang.

tertauchten, fanden wir Hunderte von Seeigeln, die Lieblingsspeise des Hornhaies. Zwischen ihnen entdeckten wir mehrere Hornhaie, einige ruhend, andere schwimmend. Als ich mich an der Ankerkette unseres Bootes weiter nach unten hangelte, schwamm der erste Hornhai, den ich sah, ganz aufgeregt um den Anker herum. Wahrscheinlich war der Anker ganz in seiner Nähe heruntergekommen und hatte ihn furchtbar erschreckt. Allmählich beruhigte er sich wieder, und ich machte mich an die Arbeit. Jetzt, da sie aus ihren Verstecken gekommen waren, konnte ich die Hornhaie viel besser fotografieren als tagsüber. Das einzige Problem, das ich hatte, bestand darin, sie aufzunehmen, ohne mich an ihrer Nahrungsquelle aufzuspießen — den Seeigeln.

Südpazifische Korallenriffe

Tangwälder und Mangrovensümpfe sind wichtige Flachwasserhabitate, die Haien und vielen anderen Lebensformen Unterschlupf und Nahrung bieten. Doch kein Lebensraum im Flachwasser ist reicher oder komplexer als ein Korallenriff.

Alle Korallenstöcke setzen sich aus Millionen winziger Korallentierchen zusammen, von denen jedes einer Miniatur-Seeanemone gleicht. Diese Organismen nennt man Polypen; jeder von ihnen scheidet eine Kalkhülle ab. Diese neben- und übereinandergeschichteten Kalkgehäuse von unzähligen Korallenpolypen haben im Laufe von vielen Jahrmillionen gewaltige Riffe gebildet und bilden sie noch heute. Jeder Korallenstock ist dabei aus einem einzigen Polypen hervorgegangen, der sich selbst wieder und wieder vermehrt hat.

Korallenriffe entstehen nur unter ganz bestimmten Bedingungen, denn Korallenpolypen sind empfindliche Geschöpfe. Sie benötigen flache Meeresgewässer mit Temperaturen nicht unter 20 °C. Zudem muß das Wasser sehr sauber sein, da Korallen durch Sedimentablagerungen absterben. Den Kern des Riffs bilden Steinkorallen (wiss. Madreporen); die meisten Polypen tragen in ihrem Gewebe einzellige Algen, die man „Zooxanthellen“ nennt. Diese Algen treiben wie alle grünen Pflanzen Photosynthese; dabei setzen sie Sauerstoff frei, der dem Korallenpolypen zugute kommt. Dadurch sind die riffbildenden Steinkorallen aber gleichzeitig auf Flachwasserzonen beschränkt, wo die Zooxanthellen genügend Licht für ihre Photosynthese finden. Das setzt ihrer vertikalen Verbreitung Grenzen.

Es gibt mehr als 100 verschiedene Korallenarten. Einige, wie die Hirnkoralle (sie sieht aus wie ein menschliches Gehirn), sind robust und gedeihen auch in stark bewegtem Wasser; andere, wie die fein verästelte Elchgeweihkoralle im Atlantik, sind empfindlicher und überleben nur in geschützten Zonen. Die Umgangsnamen einiger Steinkorallen deuten auf ihre unterschiedlichen Formen hin — Sternkoralle, Nelkenkoralle, Pilzkoralle, Warzenkoralle, Fächerkoralle. Die Farbenpracht dieser Korallen ist sprichwörtlich, und Steinkorallen bilden die Basis eines wunderschönen und komplexen Lebensraumes. Andere Korallen, Würmer, Meeresschnecken und andere Weichtiere, Shrimps, Moostierchen (Bryozoen), Seesterne, Seeigel und Seegurken haben sich alle an das Leben im Riff angepaßt, und viele von ihnen sind genauso bunt gefärbt wie der Hintergrund. Zusätzlich wimmelt das Riff von Knochenfischen, Schildkröten und in einigen Teilen der Welt auch von Seeschlangen. Und auch die Knorpelfische, Haie und Rochen, wenn auch weniger auffällig gefärbt, fehlen nicht.

Nächste Seite
Vor der Küste dieser Fidschi-Insel kann man die Umrisse eines niedrigen Korallenriffs erkennen. Die südpazifischen Riffe sind besonders reich an Haiarten, und die Eingeborenen respektieren die Haie. In vielen Gegenden hält man Haie für die Reinkarnation von Vorfahren.

Übernächste Seite
Blick auf ein pazifisches Riff in Milne Bay, Neuguinea. Im Vordergrund sieht man zwei Weichkorallen, *Sarcophyton trocheliophorum.* Das rechte Exemplar hat seine Polypen ausgestülpt und filtriert organische Partikel aus der Strömung, beim linken sind die Polypen eingezogen. Dahinter streckt eine Steinkoralle ihre fingerartigen Ausläufer empor. Die Strömung ist hier sehr reich an Nährstoffen. Nicht nur Schwärme von Riffbarschen haben ihren sicheren Unterschlupf zwischen den Korallen verlassen, sondern auch die wein- bis purpurroten Haarsterne, die sonst nur nachts fressen, haben sich im oberen Teil der Steinkorallen versammelt und fordern ihren Anteil.

In diesem marinen Ökosystem haben Haie eine Fülle verschiedener räuberischer Lebensstile entwickelt. Einige Haiarten suchen häufig Korallenriffe auf, andere nur gelegentlich. Wiederum andere haben sich ganz speziell an die besonderen Lebensbedingungen im Riff angepaßt und gedeihen nur dort. Alle tropischen Haiarten, die ich bisher erwähnt habe, kommen an Korallenriffen wie in anderen Flachwassern vor. Einige – wie Grund- und Tigerhai – sind weltweit in tropischen Gewässern verbreitet, andere, wie der Karibische Riffhai oder der „Schwarznasen-Hai", stammen aus den wärmeren Küstenregionen des Westatlantiks und sind weitgehend auf diesen Bereich beschränkt.

Die Art und Weise, wie sich Haie dem Leben im Riff angepaßt haben, macht sie besonders interessant. Korallenriffe sind trotz ihres Nahrungsreichtums Orte hoher Spezialisierung. Haie im Riff konkurrieren nicht nur miteinander, sondern auch mit vielen anderen Räubern. Und die potentielle Beute ist nicht leicht zu fangen. Tarnung, Verteidigung, Flucht und Ausweichmanöver in allen nur denkbaren Variationen sind die Regel, und das Korallenriff selbst bietet eine Fülle von Versteckmöglichkeiten.

Ein Riff zu finden, an dem man diese ganze Lebensfülle beobachten kann, ist nicht so einfach, wie es scheinen mag. Überfischen (mit Netzen, Angeln, Harpunen und selbst mit Sprengstoff) und allgemeine Verschmutzung haben bereits viele Riffe selbst in den entlegensten Winkeln der Welt zerstört und viele andere zumindest beschädigt. Zahllose Korallenstöcke sind mit Eisenstangen zerschlagen worden, um Stücke herauszulösen, die dann als „Souvenirs" in weit entfernten Wohnzimmern Staub ansetzen. Obwohl es Bemühungen gibt, verschiedene Riffe zu schützen, geht die Zerstörung weiter. In den sudanesischen Riffen sind Korallensammeln und Speerfischen verboten, doch kaum jemand kümmert sich darum. In den Florida Keys ist eine große Riffzone in ein Naturschutzgebiet umgewandelt

Rechts:
Tiere, die in Korallenriffen leben, haben viele Verteidigungsmechanismen zum Schutz entwickelt. Diese „Riff-Silberflanken", *Allanetta harringtonensis*, werden ständig von Raubfischen, besonders Zackenbarschen und Stachelmakrelen, gejagt, doch ihre unglaubliche Anzahl stellt sicher, daß sie auf Dauer überleben. Während diese Fischlein für Haie zu klein sind, sind es größere Fische, die von ihnen leben, keineswegs.

Unten:
Haie konkurrieren mit anderen Räubern im Riff um Nahrung. Dazu zählen viele Zackenbarsche, von denen einige imponierende Ausmaße erreichen. Diese Zackenbarsche vom Großen Barrier-Riff, *Epinephelus tukula*, heißen im Volksmund „Kartoffel-Barsche" und werden ca. 1,5 m lang. Sie sind relativ langsame Schwimmer, um kleine Fische zu fangen, lauern sie ihnen auf und saugen sie ins Maul, oder sie suchen nachts Löcher und Spalten in den Korallen ab und inhalieren die darin schlafenden Fische wie ein lebender Staubsauger. Ihr gesprenkeltes Äußeres dient zur Tarnung. Sie können ihre weiß-braune Musterung farblich schnell verändern. Der Fisch im Vordergrund hat sich deutlich entfärbt, vielleicht eine Warnung an mich.

Die Langschwänzigen Ammenhaie bilden eine kleine Gruppe bodenbewohnender Haie in den tropischen Gewässern rund um Australien und Neuginea. Sie werden nur ca. 1 m lang und sind schlechte Schwimmer. Oben ruht der nachtaktive „Epauletten-Hai", *Hemiscyllium ocellatum*, in seinem Tagesversteck am Großen Barrier-Riff. „Epauletten" bezieht sich auf die dunklen Schulterflecken, die an riesige Augen erinnern und möglicherweise größere Haie davon abhalten, ihre kleineren Vettern zu verspeisen. Rechts ist *H. freycineti* aus Neuguinea abgebildet; auch er sucht nachts im Flachwasser am Meeresgrund seine Nahrung.

worden — in den John Pennekamp Park. Taucher dürfen nichts aus dem Park mitnehmen. Die Fischer können soviel fangen, wie sie wollen. Es ist unnötig zu erwähnen, daß dieses Riff ebenfalls bereits geschädigt ist.

Die Ausdehnung des Großen Barrier-Riffs vor Australien erlaubt eine andere, bessere Lösung. In gewissen Riffzonen ist Fischen und Speerjagen erlaubt, in anderen lediglich Tauchen. Ein dritter Bereich steht nur Wissenschaftlern offen, und dann gibt es noch eine vierte Kategorie von Riffen, denen sich niemand nähern darf. Solche drastischen Maßnahmen sind nötig, wenn man das Riffleben in seiner ganzen Fülle auf Dauer schützen will.

Um ein naturbelassenes Riff zu finden, muß man die Einflüsse von Verschmutzung und modernem Fischfang weit hinter sich lassen. Wo ein Hotel steht, da werden auch vermehrt Fische für die Speisekarte gefangen, und selbst solche scheinbar kleinen Eingriffe können die örtliche Meeresfauna schädigen. Obwohl das Riff vielleicht noch ganz intakt zu sein scheint, gibt es dort keine Haie mehr, weil sie ständig von Tauchern gestört werden oder weil die Zahl der potentiellen Beutetiere unter eine kritische Grenze gefallen ist. Irgendwann verschwinden die örtlichen Haie und kehren nicht zurück.

Um ein intaktes Korallenriff mit den dort heimischen Haien zu fotografieren, verbrachte ich Ende 1984 drei Monate im Südpazifik. Die südpazifischen Korallenriffe gehören zu den schönsten der Welt, und es gibt dort Haie im Überfluß. Bei jedem Tauchgang trifft man wenigstens auf ein Exemplar.

Einer der häufigsten Haie, die man in Korallenriffen findet — sei es im Südpazifik, im Indischen Ozean oder im Roten Meer — ist der Weißspitzen-Riffhai, *Triaenodon obesus*. Dieser harmlose Hai ist leicht zu erkennen. Die Spitzen der ersten Rückenflosse und des oberen Flügels der Schwanzflosse sind weiß. Dazu hat dieser Hai ein eigenartig rattenähnliches Gesicht und wiegt seinen Körper beim Schwimmen auffällig hin und her. Tagsüber ruht er oft am Boden, manchmal offen, manchmal unter Korallen verborgen. Gelegentlich liegen mehrere Tiere zusammen in einer Höhle oder Spalte, immer einer auf dem anderen.

Der Weißspitzen-Riffhai ist nicht sehr groß — er wird etwa 1,50 m lang, nur wenige Exemplare erreichen 2 m. Im allgemeinen sind die Tiere scheu oder zumindest an Tauchern nicht interessiert, aber sie können aggressiv reagieren, wenn gespeerte Fische im Wasser sind. Als ich einmal an einem Riff entlang schnorchelte, spürte ich plötzlich, daß mir etwas folgte. Ich sah mich um und entdeckte einige Meter hinter mir zwei Weißspitzen-Riffhaie. Sobald ich sie direkt anblickte, wandten sie sich ab, wie um ihr Desinteresse zu beweisen. Ich schwamm weiter, drehte mich aber kurze Zeit später wieder um. Sie waren noch immer hinter mir, nur etwa 2 m entfernt, aber betont unauffällig. Diese alberne Situation dauerte etwa 10 Minuten — die kleinen Haie immer hinter mir, immer im gleichen Abstand, wie Amateurdetektive bei der Beschattung eines Verdächtigen. Natürlich kann es sein, daß sie zufällig den gleichen Weg wie ich hatten, aber es ist ungewöhnlich für Haie, so nah aufzuschließen. Es war das einzige Mal, daß ich ein so seltsames Verhalten beobachten konnte, doch andere Taucher haben mir von ähnlichen Erlebnissen berichtet.

Im Gegensatz zu Hochseehaien schwimmen Weißspitzen-Riffhaie meist nahe am Boden. Sie gehören sicherlich zum Beutespektrum anderer, größerer Haie, wie dem Tigerhai. Da sie gern unter Korallen ruhen, können sie bei der Annäherung eines Räubers schnell in einer Spalte verschwinden. Weißspitzen-Riffhaie ernähren sich vorwiegend von Riff-Fischen, die sie erjagen oder aus ihren Verstecken zerren. Sie fressen auch Kraken, Krabben und Hummer.

Der größte Weißspitzen-Riffhai, den ich gesehen habe, war etwa 2 m lang — sehr groß für diese Art. Das war in dem wunderschönen Osprey Reef (Seeadler-Riff) in der Korallensee, hinter dem Großen Barrier-Riff. Der Nordwall des Osprey Reef bildet bis ca. 30 m unter der Wasseroberfläche einen spitzen Vorsprung. Dort patrouillieren gewöhnlich ein Dutzend ausgewachsener Grauer Riffhaie, *Carcharhinus amblyrhinchos*, und sechs oder sieben Küsten-Weißspitzenhaie, *Carcharhinus albimarginatus*. Die Grauen Riffhaie werden ca. 2 m lang, die Küsten-Weißspitzenhaie etwas länger; beide Arten sind viel kräftiger und aktiver als die Weißspitzen-Riffhaie. Als ich dort tauchte, war es aber gerade ein Weißspitzen-Riffhai, der als erster nach dem angebotenen Köderfisch schnappte und sich überhaupt nicht an uns Tauchern störte. Er verteidigte seine Stellung sogar eine ganze Weile gegen die anderen, größeren und stärkeren Haiarten.

Obwohl ich viele Bilder von Weißspitzen-Riffhaien besitze, erinnere ich mich lebhaft an die Gelegenheit, als ich das nebenstehende Foto machte, denn der Hai verhielt sich ungewöhnlich. Es war an einem Riff in der nördlichen Korallensee, etwa 200 km vom australischen Festland entfernt. Das Boot, von dem aus wir tauchten, die *Reef Explorer*, ankerte in der Lagune des Bougainville Reef. Es begann zu dämmern, und ich wollte noch ein letztes Mal tauchen. Ich machte mich fertig und ging ins Wasser, um die 100 m bis zum Steilhang zu schwimmen. Ich hatte hier bereits nachmittags getaucht und kannte die Umgebung. Die Korallenbank fiel vor mir steil ab und verlor sich in der Tiefe. Ich war am Nachmittag bis 50 m hinabgetaucht und hatte dort unten große Seefächer gefunden, die zu den Rindenkorallen gehören und sich mit ihren Armen über der Tiefe wiegten. Jetzt wollte ich im Flachwasser bleiben und ein bißchen herumspazieren, bevor es zu dunkel wurde.

Die großen, ständig durcheinanderwirbelnden Schulen von Stachelmakrelen waren noch da, bildeten an einem Ort komplizierte Muster, bevor sie auseinanderstoben, um sich eine kleine Strecke weiter wieder zusammenzufinden. Ich konnte auch den Weißspitzen-Riffhai wiederentdecken, den ich schon am Nachmittag bemerkt hatte. Er hatte mich vorher nicht weiter beachtet und würde es wohl auch jetzt nicht tun. Draußen im offenen Meer, über das allmählich die Dunkelheit hereinbrach, konnte ich die Silhouette eines Thunfisches und die gleitenden Schatten einiger Grauer Riffhaie ausmachen. Ihren runden Bäuchen nach waren sie trächtig oder sehr wohlgenährt oder beides. Als es dunkler wurde, bildeten auch andere Fische Schulen. Das dient wahrscheinlich der Verteidigung gegen große Raubfische, die bei einer solchen Formation Schwierigkeiten haben, einen einzelnen Fisch zu fixieren und zu verfolgen. Die Stachelmakrelen standen jetzt dicht an dicht nebeneinander. Die Grauen Riffhaie kreuzten im offenen Wasser, gerade noch sichtbar, unermüdlich hin und her; sie warteten wohl darauf, daß es noch ein wenig dunkler würde. Ich vermutete, sie hatten es auf die Stachelmakrelen abgesehen, die nun zu einer dichten, ängstlichen Masse zusammengedrängt waren. Auch der Weißspitzen-Riffhai schwamm jetzt schneller, vor und zurück, über die Korallenbank. Zum ersten Mal schien er Notiz von mir zu nehmen, obwohl ich doch viel größer war als er. Dennoch glitt er nah an mir vorbei, bevor er abdrehte und wieder auf mich zukam. Es war bereits zu dunkel, um die Brennweite genau einzustellen, daher schätzte ich die Entfernung und drückte auf den Auslöser. Neugierig schwamm er nochmals auf mich zu, und ich schoß ein weiteres Bild, doch ich war nicht so recht bei der Sache. Es war ungewöhnlich für einen Weißspitzen-Riffhai, so nahe oder so oft heranzukommen, und ich fühlte mich in

der ganzen Situation sehr ungemütlich. Wenn er so dreist war, würden die größeren Grauen Riffhaie mich dann auch bald mit ihrer Aufmerksamkeit beehren? Hastig machte ich mich auf den Weg zurück zum Boot. Ich hatte gehofft, die Grauen Riffhaie beim Angriff auf die Stachelmakrelen zu beobachten. Doch jetzt war es fast ganz dunkel, und ich verspürte keine Lust, den grauen Räubern im Weg zu sein, wenn sie ihrer auseinanderstiebenden Beute im Dunkeln nachsetzten.

An diesem Abend wanderte ich nach dem Essen zum Heck des Schiffes. Dort erhellten einige Lichter das Wasser rundum. Ich hörte ein Platschen und beugte mich über die Reling. Mir bot sich ein phantastisches Schauspiel. Fliegende Fische waren von den Lichtern am Boot angelockt worden wie Motten von den Flammen einer Kerze. Sie schossen aus dem Wasser und segelten auf das Boot zu, stießen gegen dessen Seite und fielen dann mit lautem Klatschen ins Wasser zurück, wo sie betäubt an der Oberfläche

Der Weißspitzen-Riffhai ist an indopazifischen Riffen recht häufig. Taucher lernen ihre örtlichen Weißspitzen bald erkennen, da diese Haie über längere Zeit reviertreu sind. Normalerweise nicht angriffslustig, wurde dieses Tier in der Abenddämmerung fotografiert und zeigte sich sehr zudringlich.

trieben. Ein halbes Dutzend Grauer Riffhaie kreuzte langsam zwischen ihnen hin und her. Sie schnappten sich die Fliegenden Fische, bevor sie sich wieder erholen konnten. Ich wäre sehr gern ins Wasser gegangen, um die fressenden Haie zu fotografieren, doch ich konnte mich nicht dazu überwinden. Es erfordert eine ganz besondere Art von Mut, nachts zwischen fressenden Haien zu tauchen.

Tagsüber lohnt es sich manchmal, die Spalten und Höhlen eines Riffs zu untersuchen, denn die nachtaktiven Haie ruhen sich dort gern aus. Eines Tages tauchte ich im Flachwasser eines Riffs nördlich Fidschi. Der Boden dort war mit Sand bedeckt, vereinzelt gab es Korallenstöcke. Ich sah einen bestimmten Korallenstock und war sofort überzeugt – ich weiß nicht, warum –, daß sich ein Hai darunter verbarg. Ich nahm dieses Gefühl nicht weiter zur Kenntnis und widerstand der Versuchung, herüberzuschwimmen und nachzusehen. Als ich die anderen Korallenstöcke untersuchte, stellte ich fest, daß bei vielen große, hohle Kanäle durch den Fuß verliefen. Schließlich erreichte ich den Korallenstock, den ich die ganze Zeit ignoriert hatte und sah darunter. Sofort entdeckte ich auf dem Sandboden einen großen, grauen Schwanz. Da der Schwanz fast 1 m maß, mußte das zugehörige Tier mindestens 2 m lang sein. Ich war mir ziemlich sicher, daß der Schwanz zu einem Riesen-Ammenhai, *Nebrius concolor*, gehörte. Ich schwamm zur anderen Seite der Korallenformation, um nach seinem Kopf zu suchen. Es gab einen engen Gang, der unter die Korallen führte. Der Hai befand sich tief innen im Kanal, der den Korallenstock durchzog; ich konnte ihn nicht entdecken. Die Idee, mich da hinein zu quetschen und plötzlich auf einen beunruhigten Hai zu treffen, behagte mir nicht so recht. Doch der Wunsch nach einem Foto war stärker als die Vernunft, und so schob ich mich sehr behutsam vorwärts, wobei meine Preßluftflasche an der Decke des Ganges entlangscheuerte. Ich hatte etwa 2 m zurückgelegt, als der Tunnel im rechten Winkel abknickte. Ich guckte vorsichtig um die Ecke und hielt die Luft an, um den Hai nicht durch meine Luftblasen zu beunruhigen. Ein großer, grauer Kopf mit winzigen Knopfaugen starrte mich an. Es war wirklich ein Riesen-Ammenhai. Dann drehte er sich in seiner Höhle um und streckte mir seinen langen, geschwungenen Schwanz entgegen. Nun fürchtete ich, daß er zum anderen Ende herausschwimmen könnte, so kroch ich möglichst schnell rückwärts auf demselben Weg hinaus, auf dem ich hereingekommen war, und schwamm hinüber zur anderen Seite. Währenddessen hatte sich der Hai wieder umgedreht und – alles, was ich sehen konnte, war der lange, graue Schwanz auf dem Sandboden. Leise vor mich hin fluchend, schwamm ich zum anderen Tunneleingang zurück und schlängelte mich erneut hindurch – um wieder von einem Schwanz begrüßt zu werden, den ich bereits gut kannte. Ich wußte, daß er früher oder später von mir genug bekommen und sich davonmachen würde. Doch ich hoffte, ich würde in diesem Augenblick vor dem richtigen Ausgang warten und ein Foto schießen können... es war der falsche... kein Bild!

Hammerhaie sind häufige Besucher an pazifischen Riffen. Wann immer ich einen Hammerhai unter Wasser sehe, erscheint er mir wie ein Wesen von einem anderen Stern. Und gleichzeitig erstaunt es mich immer wieder, wie ein so häßliches Geschöpf so schön sein kann. Die häufigste Art im indopazifischen Raum ist der Bogenschnäuzige Hammerhai, *Sphyrna lewini*. Vielleicht ist dies ganz allgemein die Hammerhaiart mit der größten Verbreitung; sie kommt in allen tropischen Meeren der Welt vor. Doch der eindrucksvollste Hammerhai ist sicherlich der Große Hammerhai, *Sphyrna mokarran*.

Obwohl ich schon viele Große Hammerhaie unter Wasser gesehen habe, erinnere ich mich besonders an eine Gelegenheit. Es war wieder in der

Taucher werden oft gewarnt, nichts anzufassen, das sich so langsam bewegt, daß man es anfassen kann. Das ist ein guter Rat. Wenn ein Geschöpf nicht auf Schnelligkeit setzt, um einem Raubfeind zu entkommen, dann hat es andere Verteidigungsmöglichkeiten. Giftige Stacheln kommen bei vielen Riff-Fischen häufig vor. Dieser prächtige Rotfeuerfisch, *Pterois volitans*, ist ein gutes Beispiel dafür. Rotfeuerfische schießen beim Beutemachen plötzlich aus dem Hinterhalt hervor, um kleine Fische zu verschlingen. Ihre langen, eleganten Flossen geben ihnen ein kaum mehr fischähnliches Aussehen. Man findet sie dort, wo besonders viele verschiedene Korallen vorkommen, und an einem solchen Ort verschmelzen sie mit dem Hintergrund.

Die Einbuchtungen an der Vorderkante des Kopfes sind typisch für den Bogenschnäuzigen Hammerhai. Die sonderbare Kopfform von Hammerhaien hat möglicherweise hydrodynamische Gründe und erhöht seine Manövrierfähigkeit; vielleicht kann der Hai mit seinen weit auseinanderliegenden Augen auch Entfernungen besser abschätzen. Mit seinen Sinnesorganen, die über den ganzen „Hammer" verstreut sind, und den Nasenöffnungen neben den Augen sammelt dieser Hai ständig Informationen aus einem größeren Wasservolumen als es Haie mit normaler Kopfform tun können.

Korallensee, an einem einzeln stehenden Riff, das aus dem Meer ragte. Der Grund neigte sich in einem Winkel von ca. 45° und bestand aus massiven grauen Korallenformationen. Ich wollte tief tauchen, denn manchmal sieht man weit unten etwas so Phantastisches, daß es alle vergeblichen Tauchgänge wettmacht. Mein erster Eindruck war: das wird ein langweiliger Trip. Dennoch stellte ich meine Uhr und tauchte den Hang hinab. Überall dieselbe uninteressante Korallenformation. Bei 50 m Tiefe hielt ich an und sah mich um. Nichts als Korallen. Das Wasser war klar, und man konnte verhältnismäßig weit in alle Richtungen sehen. Ich zog mein Tauchmesser aus der Scheide und schlug es ein paarmal gegen meine Preßluftflasche, um Haie anzulocken. Fast sofort erschienen ein Weißspitzenhai und mehrere Graue Riffhaie wie aus dem Nichts. Da sie Abstand hielten, beachtete ich sie nicht weiter und beschloß nach einer Weile des Wartens, wieder aufzutauchen. Gerade wollte ich mich auf den Rückweg machen, als ich weiter unten am Hang, kaum mehr sichtbar, eine graue Bewegung wahrnahm. Etwas kam von da unten auf mich zu. Es lag eine gewisse Steifheit in seiner Bewegung — sie war ruckhaft, es mangelte ihr an Eleganz. Mir war sofort klar, daß es ein Hammerhai sein müsse, und zwar ein großer. Hammerhaie schwimmen scheinbar linkisch und ungelenk, wobei sie den Kopf von einer Seite zur anderen schwenken — da sich die Augen weit außen am Kopf befinden, können sie auf diese Weise nach vorne sehen. Man kann einen Hammerhai allein an seinen typischen Bewegungen erkennen, lange bevor man die charakteristische Kopfform bemerkt. Selbst auf die Entfernung hin konnte ich erkennen, daß dieses Exemplar groß war, größer als irgendeines, das mir jemals zuvor begegnet war. Ich hob meine Kamera und wartete darauf, daß es näherkommt. Der Hai näherte sich langsam, ohne Eile — kein Zeichen von Angriffslust —, und ich fühlte instinktiv, daß er mich nur kurz in Augenschein nehmen und dann davonschwimmen würde. Er war noch weit entfernt, doch er wurde größer und größer. Ich konnte die weiße Vorderkante seines hammerförmigen Kopfes erkennen, der sich ruckartig von einer Seite zur anderen wandte, und die silbergraue Rückenlinie bis zur hohen Rückenflosse verfolgen. Dieser Hai war so viel größer als jeder andere Hai, den ich bisher gesehen hatte, daß ich nicht abzuschätzen vermochte, wie weit er noch von mir entfernt war. Es gab auch nichts, mit dem ich ihn hätte vergleichen können, um seine Größe zumindest abzuschätzen. Da waren nur die einförmigen, grauen Korallen.

Links:
Zu den Engelfischen gehören einige der farbenfrohesten Fische im Riff. Dies hier ist der indopazifische Nikobaren-Kaiserfisch, *Pomacanthodes imperator*, fotografiert vor der Küste Neuguineas. Die bunten Streifen lösen die Form des Fisches auf, die Augen verschwinden in einer breiten schwarzen Binde über dem Kopf. Außerdem besitzt dieser Fisch einen kräftigen, blauen Stachel über jeder Brustflosse, mit dem er sich verteidigen kann.

Oben
Der „Graue Engelfisch", *Pomacanthus arcuatus*, aus den westatlantischen Riffen ist im Gegensatz zum Kaiserfisch in verschiedenen Grauschattierungen gefärbt. Sein seitlich zusammengedrückter Körper ermöglicht es ihm, bei Gefahr in enge Spalten zu schlüpfen. Diese Engelfische treten in Paaren auf und wagen sich auch auf offene Sandflächen hinaus — etwas, das buntere Engelfische nicht oder nur sehr selten tun.

Um ihn zu fotografieren, mußte ich warten, bis er sich in der Reichweite meines Blitzes befand. Meine Erfahrung sagte mir, daß der Hai jeden Moment abdrehen und wegschwimmen würde — aber in diesem Fall täuschte die Erfahrung. Der Hammerhai kam stetig weiter auf mich zu. Ich sah durch das Objektiv, und als das Tier das ganze Sichtfeld auszufüllen schien, drückte ich auf den Auslöser. Sobald ich die Kamera wieder senkte, sah ich, daß der Hai noch immer langsam mit wiegendem Kopf auf mich zuschwamm. Ich erkannte, daß er auf Kollisionskurs mit mir lag, aber irgendwie erschreckte mich das nicht. Ich schwamm zur Seite, und der Hai muß seinen Kurs ebenfalls geändert haben, denn plötzlich war er neben mir. Die breite Flanke des Tieres schien nahe genug, um sie mit der Hand zu berühren. Jetzt gewann ich einen Eindruck von der Größe des Hammerhaies — ich fühlte mich wie ein Zwerg neben ihm. Der Rumpf war mindestens doppelt so lang wie ich, und dann folgte der lange, schwingende Bogen des Schwanzes mit seiner sichelförmigen Flosse. Es schien Ewigkeiten zu dauern, bis der Hai an mir vorübergezogen war, doch schließlich verschwand er auf seinem Weg längs des Riffs in der Ferne.

Wie groß war er? Ich kann es nicht genau sagen, doch es war, wie die Bilder später bestätigten, ein Großer Hammerhai. Dieses Exemplar maß wenigstens 4 m, eher aber 5 m. Und Große Hammerhaie können, wie wir wissen, sogar noch länger werden. Als der Film Monate später entwickelt worden war — bittere Enttäuschung. Die erste Aufnahme — von dem heranschwimmenden Tier — war nichts geworden; die Kamera hatte nicht richtig transportiert, und der Hai war entzweigeschnitten. Das zweite Bild war jedoch scharf und zeigte deutlich die tiefen Paarungsnarben an der Flanke des Tieres. Es war also ein Weibchen, das sich vor kurzem gepaart hatte.

Ich habe andere Taucher gesprochen, denen große Hammerhaie sehr nahe gekommen sind. In einigen seltenen Fällen haben die Haie die Taucher wirklich gerammt, bevor sie davonschwammen. Sicherlich verlieren Haie, wenn sie so groß geworden sind, die Scheu, die man bei ihren kleineren Brüdern und Schwestern häufig findet. In einigen Teilen der Welt gelten Hammerhaie als die gefährlichsten einheimischen Haie, obwohl ich niemals von einem belästigt worden bin. Doch Stan Spielman, ein Augenarzt aus Miami, der über das Sehen von Haien gearbeitet hat, erzählte mir von einem alarmierenden Erlebnis mit einem Hammerhai. Er schnorchelte in flachem Wasser bei Elliot Key vor Florida, als sich ihm ein aufgeregter und angriffslustiger Großer Hammerhai näherte. Dieser schwenkte den Kopf ständig von einer auf die andere Seite. Stan fand das sehr verwirrend. Wenn ein normaler Hai auf dich zuschwimmt, dann weißt du, nach welcher Seite du ausweichen solltest. Aber bei diesem pendelnden Kopf konnte Stan

Dieser Große Hammerhai, der größte, den ich jemals gesehen habe, läßt mich daneben wie ein Zwerg aussehen. Die tiefen Narben an den Flanken lassen erkennen, daß es sich um ein geschlechtsreifes Weibchen handelt; seine Größe kann ich nur schätzen. Die schwarzen Augen gleiten gelangweilt über mich hinweg, als es langsam vorüberzieht, den Kopf von einer Seite zur anderen schwenkend.

nicht voraussagen, aus welchem Winkel der Hai auf ihn zukam. Vermutlich geht es einem Schwarm Fische ähnlich, und die verwirrten Tiere schießen in alle Richtungen auseinander. Das macht es für den Räuber leichter, einen bestimmten Fisch zu verfolgen und zu fangen.

Wenn man in einem Korallenriff im Indo-Pazifik oder im Roten Meer taucht und auf einen mittelgroßen grauen Hai mit einer schwarzen Kante trifft, dann handelt es sich wahrscheinlich um den Grauen Riffhai, *Carcharhinus amblyrhynchos.* Es ist umstritten, ob es sich bei dem Grauen Riffhai aus dem Roten Meer und dem westindischen Ozean um eine Unterart der Pazifik-Form oder um eine eigene Art handelt.

Graue Riffhaie werden nicht sehr groß. Obwohl sie mehr als 2 m Körperlänge erreichen können, sind die meisten nur etwa 1,50 m lang. Man findet sie nicht nur an den Riffen, dort kommt es jedoch am ehesten zu Kontakt mit Tauchern. Manchmal endet ein solches Zusammentreffen mit einem Desaster. 1961 erforschten zwei Taucher, Ron Church und Jim Stewart, ein Korallenriff vor Wake Island mitten im Pazifik. Ein Grauer Riffhai näherte sich ihnen. Er war unruhig und aufgeregt und schwamm mit auffällig plumpen Bewegungen, dabei schwang sein Kopf beinahe ebenso hin und her wie sein Schwanz. Dann schoß der Hai plötzlich an Stewart vorbei, wandte sich aber sofort um und biß ihn heftig in den Arm. Auch andere Taucher sind angegriffen und verletzt worden, nachdem Graue Riffhaie dieses seltsame Schwimm-Muster gezeigt hatten. Die Haie verhalten sich normalerweise nur dann so, wenn sie sich von einem Taucher belästigt oder verfolgt fühlen. Als ich vor einiger Zeit an einer einzeln stehenden Klippe am Großen Barrier-Riff tauchte, traf ich auf eine Gruppe von acht Grauen Riffhaien, die am anderen Ende des Riffs Stellung bezogen hatten. Die Strömung war stark, und ich mußte mich an den Korallen entlanghangeln, um

Dieser Zebra-Ammenhai, *Stegostoma varium,* kommt in Riffen vom Roten Meer bis nach Australien vor. Jungtiere sind gestreift, doch wenn sie heranwachsen, werden die Streifen zu Punkten. Dieses Exemplar aus der Korallensee mißt ca. 2 m; es ruht sich tagsüber auf dem Meeresgrund aus. Nachts werden Zebrahaie aktiver und machen Jagd auf kleine Fische, Krebstiere und Weichtiere.

Das „Drohschwimmen“ des Grauen Riffhaies

Die obere Abbildung zeigt die normale Schwimmhaltung des Grauen Riffhaies. Wenn die Brustflossen gesenkt werden (Mitte) und der Hai mit steifen Körperbewegungen schwimmt, so entspricht das einer Warnung an einen möglichen Angreifer. Manchmal schwimmt der Hai dabei in engen Kreisen oder Achterfiguren. Unten zeigt der Hai ein ganz ausgeprägtes Drohverhalten: Die Brustflossen zeigen nach unten, der Rücken ist gewölbt, die Schnauze angehoben und das Maul steht offen. In dieser sonderbaren Haltung erstarrt der Hai und beginnt langsam abzusinken. Doch nur einen Augenblick später schießt er vorwärts, um seinen Gegner mit Bissen zu vertreiben.
Wir wissen nicht, ob alle Grauen Riffhaie ein solches Drohverhalten zeigen. Es ist von Inselgruppen im Pazifik dokumentiert, doch bei Haien im Roten Meer und im Indischen Ozean konnte man bisher kein voll ausgeprägtes Drohschwimmen nachweisen.

vorwärts zu kommen. Halb schwamm ich, halb kroch ich auf die Haie zu, die sich in engem Kontakt miteinander wie auf Kommando ein wenig zurückzogen. Als ich ihnen weiter folgte, löste sich ein Tier aus der Gruppe und schwamm auf mich zu. Auf halbem Weg zwischen mir und seinen Artgenossen senkte der Riffhai die Brustflossen, so daß sie fast senkrecht nach unten zeigten, und begann, mit steifen Körperbewegungen zu schwimmen, vor und zurück, in Achterschleifen. Ich zog mich sofort zurück — besser gesagt, ich ließ mich von der Strömung wegtragen. Jeder Versuch, den Hai zu fotografieren, wäre tollkühn gewesen — in einem Fall wurde ein Taucher angegriffen, als er einen Riffhai bei dieser Schaustellung fotografierte. Wahrscheinlich war das Abfeuern des Blitzes für den Hai das Signal zum Angriff.

Don Nelson hat dieses interessante Verhalten beim Grauen Riffhai im Pazifik näher untersucht. Er baute ein kleines, offenes Ein-Mann-Tauchboot; der Taucher trägt darin seine normale Ausrüstung, ist aber durch einen durchsichtigen „Panzer“ weitgehend vor Angriffen geschützt. Bei Enewetak, das zu den Marshall-Inseln gehört, verfolgte er Graue Riffhaie und andere Arten aus der relativen Sicherheit seiner Tauchstation. Er konnte das typische „Drohschwimmen“ beim Grauen Riffhai am sichersten auslösen, wenn er das tat, was er eine „orientierte Verfolgung“ nannte — das Tauchgefährt folgte jeder Bewegung des Haies. Bei drei anderen Arten wandte er dieselbe Technik an — beim Küsten-Weißspitzenhai, *Carcharhinus albimarginatus*, beim Schwarzspitzen-Riffhai, *Carcharhinus melanopterus*, und beim Weißspitzen-Riffhai, *Triaenodon obesus*. Nur ein einziger Küsten-Weißspitzenhai antwortete daraufhin mit einem wenig ausgeprägten Drohverhalten, die anderen Haie hielten lediglich Abstand oder schwammen schnell davon. Bei den Grauen Riffhaien zeigten jedoch mehr als die Hälfte der so verfolgten Tiere das typische steife Schwimm-Muster. Die Exemplare, bei denen dieses Verhalten am stärksten ausgeprägt war, schossen oft auf das Tauchboot zu und versuchten hineinzubeißen. Don zeigte mir später Filme, die er während des Experiments aufgenommen hatte. Ein Grauer Riffhai, der sein typisches Drohverhalten zeigt, beginnt damit, sehr steif zu schwimmen, die Brustflossen nach unten, den Rücken zu einem Buckel gekrümmt, oft zeigt die Schnauze dabei nach oben. Das Tier kreuzt dann meist sehr langsam vor dem Tauchboot hin und her. Im Extremfall hört der Hai dann auf zu schwimmen und erstarrt im Wasser, bevor er wie ein Stein zu Boden sinkt. Dann wird er plötzlich aktiv, jagt heran und beißt ein oder mehrere Male ins Boot.

Nach Dons Ansicht hat sich dieses Drohverhalten, das vor einem kurz bevorstehenden Angriff warnt, als Verteidigung gegen die Verfolgung durch größere Haie entwickelt. Graue Riffhaie findet man häufig in exponierten Riffzonen, wo auch größere Haiarten vorkommen, und die könnten versucht sein, Graue Riffhaie auf ihre Speisekarte zu setzen. Aber warum zeigen die anderen Haie, die Don untersucht hat, nicht dasselbe Verhalten? Vermutlich schützen sie sich anders. Schwarzspitzen- und Weißspitzen-Riffhaie sind beide recht klein. Weißspitzen-Riffhaie verstecken sich gern in Korallenhöhlen, und Schwarzspitzen-Riffhaie bevorzugen sehr seichtes Wasser, wo sie vor großen Haien relativ sicher sind. Küsten-Weißspitzenhaie hingegen werden viel größer als Graue Riffhaie und sind daher der Verfolgung anderer Haie weniger ausgesetzt. Daher müssen nur Graue Riffhaie größere räuberische Haie derart warnen und abschrecken.

Graue Riffhaie neigen dazu, sich in gewissen Riffzonen zu versammeln. Wenn man tote Fische mit hinunter nimmt, um eine solche Versammlung zu füttern, so erzielt man unweigerlich dramatische Effekte. Die Haie

Oben: Ein 2 m langer Küsten-Weißspitzenhai schießt im Riff an mir vorbei. Diese Tiere gehören zu den am schönsten gefärbten Vertretern der Blauhaifamilie; ihre Flossen weisen silbrig-weiße Kanten auf. Diesem Hai fehlt ein Stück aus der ersten Rückenflosse – vielleicht der Biß eines aggressiven Grauen Riffhaies.

Rechts: Graue Riffhaie balgen sich an einem pazifischen Riff um Köderfische, mit denen sie angelockt und gefüttert werden. Der „Freßrausch", der ausbricht, ist künstlich, da sich viele Haie um wenig Futter streiten. Selbst unter solchen Umständen habe ich nie erlebt, daß ein Hai den anderen gebissen hätte.

schießen heran und streiten heftig miteinander um das Futter. Dieser sogenannte Freßrausch („shark frenzy") ist in Wahrheit eine künstlich hervorgerufene Rivalität zwischen Haien um ein paar Köderfische. Bei einer Gelegenheit, als ich die Haie beim Fressen fotografierte, biß einer in mein Blitzgerät, als es sich wiederauflud — eine Wiederholung der Erfahrungen auf den Bahamas. Als ein paar Haie mich dann von hinten anrempelten, merkte ich, daß es Zeit war, mich zurückzuziehen.

Von den 350 Haiarten sind alle bis auf drei aktive Räuber, die große Beutetiere jagen. Die drei Ausnahmen sind Filtrierer — der Riesenhai, *Cetorhinus maximus*, der Walhai, *Rhincodon typus*, und der bizarre Riesenmaul-Hai, *Megachasma pelagios*, über den wir noch kaum etwas wissen. Der Walhai ist in tropischen Meeren weltweit verbreitet. Er ist der größte Fisch, den wir kennen, obwohl niemand genau weiß, wie groß Walhaie wirklich werden können. Sicherlich erreichen sie Längen von 13—14 m, wahrscheinlich sogar 18 m. Man trifft nur selten auf einen Walhai; solche Begegnungen gelten unter Tauchern als das krönende Erlebnis und werden in Erzählungen schnell zur Legende.

Der Walhai, gewaltig und neugierig, kommt noch einmal zurück, um mich zu beäugen, bevor er mit erstaunlicher Geschwindigkeit am Riff endgültig verschwindet. Obwohl grundsätzlich ein Filtrierer, fressen Walhaie auch kleine Thunfische, indem sie mit geöffnetem Maul durchs Wasser schwimmen und die Thunfische verschlucken, die ihrerseits wiederum kleinere Fische jagen. Man nimmt an, daß Walhaie nomadisch leben und der saisonalen Planktonblüte hinterherziehen.

Trotz seiner beeindruckenden Größe ist der Walhai der Wissenschaft erst seit 1828 bekannt, und fotografiert wurde er sogar erst 1950, als der verblüffte Taucher Hans Hass auf ein 8 m langes Exemplar im Roten Meer traf. Ich habe mir nicht träumen lassen, daß ich jemals ein solches Tier zu Gesicht bekommen würde. Im Dezember 1984, gegen Ende meines tropischen Tauchtrips im Südpazifik, kam ich nach Milne Bay am äußersten östlichen Zipfel von Papua Neuguinea. Dort verbrachte ich zwei Wochen mit Bob Halstead, einem Engländer, der einen Tauchclub in Port Moresby leitet und Taucher auf Expeditionen zu den unberührten Korallenriffen von Papua Neuguinea mitnimmt.

Jeden Morgen, wenn wir uns fertigmachten, um mit dem Boot hinauszufahren, rollte Bob eine Karte von zweifelhafter Genauigkeit aus, und wir diskutierten, wo wir heute tauchen wollten. Die Karte war übersät mit Riffen, von denen Bob bisher nur einige wenige kannte. Die Hälfte unseres Trips lag bereits hinter uns, und ich war davon überzeugt, daß ich hier an den schönsten Riffen tauchte, die ich jemals gesehen hatte. Was bei Riffen in anderen Teilen der Welt als etwas Besonders gilt, ist hier normal. Und etwas Besonderes — das ist hier einfach überwältigend!

Eines Morgens brütete Bob wieder über seiner Karte, um zu entscheiden, welches Riff wir anlaufen sollten. Ich fragte ihn im Scherz, ob er nicht eines wisse, an dem man Mantas, Hammerhaie und Küsten-Weißspitzenhaie findet — wenn er noch einen Walhai zugeben könne, dann wäre ich ihm wirklich sehr dankbar. Mit einem kaum angedeuteten Lächeln entgegnete er, er kenne gerade so einen Platz, doch wir würden einige Stunden bis dorthin brauchen.

Später am Morgen ankerten wir hundert Meter vor der Küste eines Regenwaldes. Unter dem Boot wechselte die Farbe des Wassers plötzlich von Grün nach Blau-Schwarz und zeigte damit die Grenze zwischem dem Flachwasser des Riffs und dem Tiefwasser an. Etwa 50 m weit von unserem Ankerplatz entfernt ragte ein Vorsprung aus dem Riff hervor. Bob riet mir, dorthin zu schwimmen, mich in den Korallen zu verstecken und zu warten. Er versicherte mir, daß früher oder später etwas Sehenswertes auftauchen würde.

Ich folgte seinem Rat und legte mich an dem Vorsprung in etwa 10 m Wassertiefe auf die Lauer, meine Kamera schußbereit. Unter mir erstreckte sich das Riff, eine gewundene und ineinander verschlungene Masse von Korallen, die hangabwärts in der Tiefe des Ozeans verschwand. Die farbenprächtigen und wunderschön geformten Korallen lockten mich, ihnen wei-

ter nach unten zu folgen, doch ich widerstand der Versuchung. Ich ignorierte selbst die bunten Meerengel und Schmetterlingsfische, die mich umschwärmten. Statt dessen wartete ich, wenn auch ungeduldig. Es war verrückt, auf einen Walhai zu hoffen, aber dennoch...

Nach ein paar Minuten entschied ich mich, es mit dem Messertrick zu versuchen. Vielleicht konnte ich einen Hammerhai anlocken. Als ich mein Messer gegen die Preßluftflasche schlug, wanderte der helle Ton durch das ruhige Küstenwasser hinaus ins offene Meer. Schon als ich mein Messer zurück in die Scheide steckte, sah ich etwas. Es war schwarz und etwa 1,50 m lang: eine waagerechte dunkle Linie über den Korallen, von einer Seite zur anderen schwankend, die sich mir näherte. Schockartig wurde mir klar, daß es das Maul eines Walhaies war, der direkt auf mich zukam. Dahinter wurden die Umrisse seines Körpers sichtbar.

Ich griff nach der Kamera mit dem Weitwinkelobjektiv und wartete. Der riesige Hai näherte sich kraftvoll und mit hoher Geschwindigkeit. Über seine Größe konnte ich nur Vermutungen anstellen. Die Zeit, die er benötigte, um majestätisch wie ein Raumschiff über mich hinwegzugleiten, erschien mir endlos. Ich schoß ein Foto, doch er war noch immer über mir, der breite Kopf, der massige, bleiche Bauch und endlich der lange, schwingende Schwanz. Seine Anmut und Kraft waren atemberaubend. Der Schwanz mit der sichelförmigen Flosse vermittelte einen Eindruck von gesammelter Energie, wie das windgeblähte Segel einer ägyptischen Dhau. Ich hatte Berichte gehört, nach denen Walhaie langsame, unbeholfene Schwimmer seien, aber dieser hier bewegte sich so mühelos und schnell wie ein gigantischer Riffhai. Zwei lässige Schläge des Schwanzes, und er war weiter unten am Riff verschwunden. Seine Geschwindigkeit schien bei der gewaltigen Masse fast unglaublich. Ich war versucht, mir die Augen zu reiben, und fragte mich, ob das alles wirklich geschehen war. Das Riff war unverändert, die kleinen Fische umschwärmten mich wie vorher. Der einzige Beweis war in meiner Kamera.

Ich überlegte, daß sich der Walhai in Richtung auf eine Gruppe anderer Taucher entfernt hatte. Wenn er sich von ihnen erschreckt fühlte, würde er vielleicht noch einmal zurückkehren. Ich drehte mich um, und da war er plötzlich wieder, kam direkt auf mich zu. In ein paar Sekunden hatte er die Strecke zwischen ihnen und mir durchschwommen, sich umgedreht und kehrtgemacht. Ich fragte mich, ob die anderen ihn überhaupt gesehen hatten. Als er mit der gleichen erstaunlichen Geschwindigkeit näherkam, drehte ich die Kamera ins Querformat, um das ganze unglaubliche Tier aufs Bild zu bekommen. Er war mindestens 9 – 10 m lang. Es juckte mir in den Fingern zu schießen, doch ich wartete. Es wuchs und wuchs im Sucher. Warten, warten, warten! Als der Walhai den Sucher ganz ausfüllte und das Tageslicht zu verdrängen schien, drückte ich auf den Auslöser. Mit der trägen Masse einer Lokomotive bewegte er sich an mir vorbei und war verschwunden.

Einige Minuten später erschien Bob. Er gestikulierte und legte eine Hand an die Stirn, die Finger nach vorn gestreckt. Ich verstand, daß er mir signalisieren wollte, er habe einen Schwertfisch oder einen Marlin gesehen. Ich antwortete mit dem einzigen Signal, das mir für einen Walhai passend erschien – ich streckte meine Arme so weit aus, wie ich konnte.

Kapitel 4

Die Haie von Sanganeb

Die Korallenriffe des Roten Meeres sind berühmt für ihren Reichtum an Tieren und Pflanzen, der in starkem Gegensatz zur Kargheit der Wüstenlandschaft an den Küsten steht. Es gibt dort auch eine Menge Haie.

Das Korallenatoll von Sanganeb, 31 km nordöstlich von Port Sudan und 15 km vor der ariden afrikanischen Küste gelegen, gehört zu den schönsten Plätzen, die ich als Taucher kenne. Wegen seiner Abgeschiedenheit ist das Wildleben dort bisher fast unberührt. Die Leuchtturmwächter fangen ab und zu ein paar Fische, doch außer ihnen und einem dort lebenden Seeadler-Paar besucht kaum jemand das Riff. Wie andere Atolle umschließt das Riff von Sanganeb eine zentrale Lagune. Solche Atolle werden von Korallen gebildet, die sich auf dem Kraterrand untergegangener Vulkane ansiedeln.

Jack Jackson leitet seit über 10 Jahren Tauchexpeditionen zum Sanganeb-Atoll. Er hat das Riff zusammen mit einem örtlichen Fischer erforscht, der gelegentlich von Port Sudan herüberkam. Der Fischer zeigte Jack, wo sich der Fischfang lohnte, Jack tauchte dort, und immer überschnitten sich die besten Tauchstellen mit den besten Fischgründen. Jack hat das Riff mit der Zeit gründlich kennengelernt, nicht nur seine Geographie, sondern auch seine Tierwelt und ihre bevorzugten Aufenthaltsplätze. Das half mir bei meiner Suche nach Haien oft weiter.

Meinen ersten Trip nach Saganeb machte ich im Sommer 1984, zur Zeit der größten Hitze. Tatsächlich war es mittags so heiß, daß man es nur im Wasser, beim Schnorcheln oder Tauchen, aushalten konnte. Allmählich bekam ich mit Jacks Hilfe eine Vorstellung vom Verlauf des Riffs. Es bildet ein langgestrecktes Oval, und seine nördliche und seine südwestliche Spitze liegen unter Wasser. Der nördliche Teil senkt sich in einer Reihe von Stufen. In etwa 25 m Tiefe ist er noch etwa 80 m breit. Folgt man dem Riffausläufer weiter nach Norden, so senkt er sich weiter ab und wird schmaler. Nach hundert Metern liegt er schon 50 m unter der Wasseroberfläche, aber er fällt weiter ab, viel tiefer, als ein Gerätetaucher seinem Verlauf folgen kann.

Über diesem Unterwassergebirge tummeln sich zahlreiche Fischschwärme, darunter Stachelmakrelen und Barrakudas; auch die örtliche Form des Grauen Riffhaies ist fast immer zur Stelle. Gelegentlich trifft man auf einen einzelnen Bogenschnäuzigen Hammerhai, *Sphyrna lewini*, doch noch eindrucksvoller sind die großen Schulen, die diese Art bildet. Jack erzählte mir, daß er im vorigen Sommer mehrmals an der Nordspitze getaucht sei und fast jedesmal Hammerhaie in Schulen von 30 und mehr Tieren gesehen habe. Doch immer, wenn er sich in 50 m Tiefe aufhielt, kreuzten die Hammerhaie hoch über ihm, und wenn er im Flachwasser war, dann sah er sie tief unten vorbeischwimmen.

Der Leuchtturm von Sanganeb warnt vorüberziehende Schiffe vor dem Riff, das ihn umgibt. Das Riff ist von majestätischer Schönheit und wimmelt von Fischen.

Unten
Das Korallenatoll von Sanganeb ist oval. Der Leuchtturm mit zwei langen Piers (1) steht in der südlichen Lagunenhälfte. Weißspitzen-Riffhaie findet man fast überall am äußeren Riffwall, doch andere Haiarten bevorzugen die Unterwassergebirge an der nördlichen (2) und südwestlichen (3) Spitze, um sich zu versammeln. Beide Ausläufer erstrecken sich vom Riffgrat ins offene Wasser und sind bemerkenswert reich an tierischem Leben.

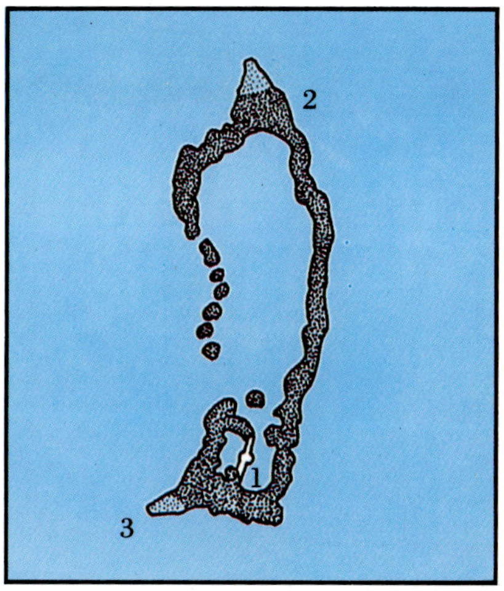

Die südwestliche Spitze erstreckt sich etwa 100 m weit ins Meer, aber sie fällt nicht so tief ab wie die Nordspitze. Der Ausläufer des Riffs erreicht nach 100 m eine Tiefe von kaum mehr als 40 m. Über diesem Unterwassergebirge wimmelt es von unglaublich vielen verschiedenen Fischarten. Dutzende großer, braun marmorierter Zackenbarsche leben in den Korallenhöhlen, und Schulen von Barrakudas und Stachelmakrelen schwärmen bei der Nahrungssuche umher. Graue Riffhaie patrouillieren hin und her, und ab und zu schwimmt ein Bogenschnäuziger Hammerhai vorbei. Jack meinte, hier gebe es immer so viel zu sehen, daß er noch nie daran gedacht habe, tiefer zu tauchen.

Der Graue Riffhai des Westindischen Ozeans und des Roten Meeres unterscheidet sich von der Pazifik-Form in einigen Merkmalen. Er trägt eine auffällige, weiße Markierung an der Hinterkante der ersten Rückenflosse, die beim Pazifischen Riffhai kaum zu sehen ist bzw. fehlt, seine Schnauze ist meist stumpfer, und er hat auf jeder Seite des Unterkiefers einen Zahn weniger als sein pazifischer Vetter. Schließlich soll er viel weniger angriffslustig sein als der Pazifische Graue Riffhai. Aus diesen Gründen hielt man ihn eine Zeitlang für eine eigene Art, *Carcharhinus wheeleri*. Heute sind die meisten Experten jedoch der Ansicht, daß die Übereinstimmungen schwerer wiegen als die Unterschiede, und es sich bei beiden Formen um Mitglieder einer Art handelt – *Carcharhinus amblyrhinchos*.

Jack erzählte mir, daß man überall am Riff auf Haie treffen könne; besonders häufig seien sie aber an den beiden Unterwasserausläufern des Atolls. Dort herrscht eine starke Strömung, die das Tauchen schwierig macht, aber viel Nahrung herantransportiert. Über den beiden Unterwasserausläufern des Riffs lädt die Strömung die unterwegs aufgenommenen Nahrungspartikel ab und zieht dann weiter ins offene Wasser. Daher die Versammlung von kleineren Fischen und Haien an der Nord- und Südwestspitze.

Ich wollte an der Nordspitze tauchen und nach Hammerhai-Schulen Ausschau halten. Doch es ist sehr schwierig, dort zu ankern, da der Wind

Das Riff von Sanganeb
Dieses Diagramm sol die Verhältnisse an der Südwestspitze schematisch darstellen. Längs des Unterwasserausläufers wechseln sich sandige Flecken mit kleinen Korallenformationen ab. Weichkorallen (1) wiegen sich in der starken Strömung, die das Riff entlangstreicht. Große Zackenbarsche (2) stehen über dem Sandboden oder lauern in Riffspalten, während Schulen von Stachelmakrelen (3) und Barrakudas (4) im warmen Wasser über der Korallenbank herumschwärmen. Graue Riffhaie (5) patrouillieren gewöhnlich längs des Riffs hin und her, während im kälteren Wasser unter der Thermokline Küsten-Weißspitzenhaie (6), Tigerhaie (7) und Hammerhaie (8) umherstreifen.

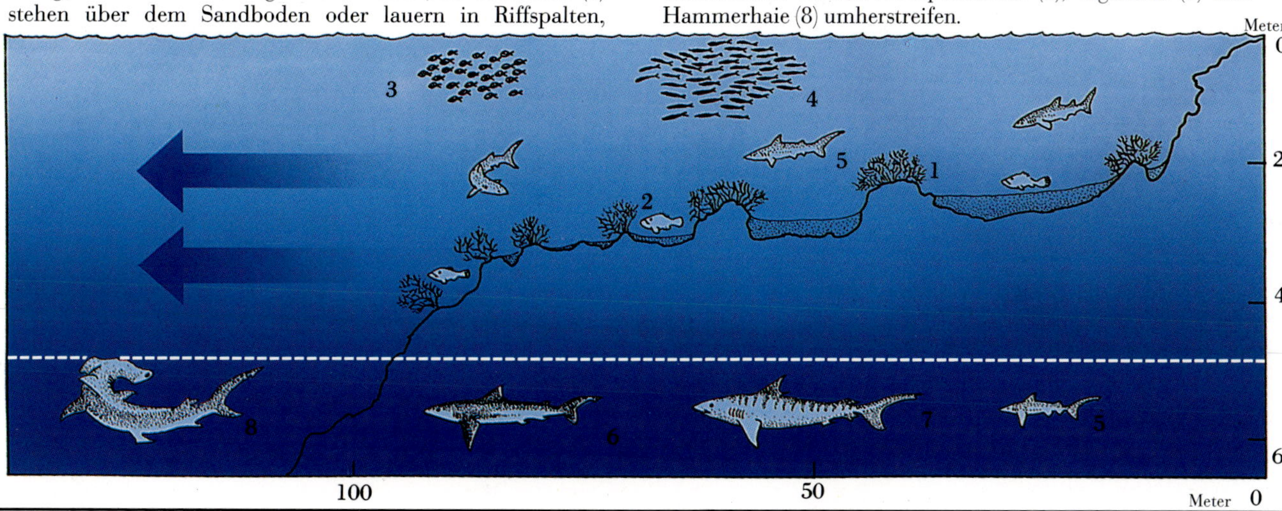

vornehmlich aus Norden kommt und jedes Boot auf die Korallenbank treibt. Jack orakelte, daß wir uns glücklich schätzen dürften, wenn wir in dieser Saison öfter als ein- oder zweimal dort tauchen könnten, und er behielt recht. Bei den seltenen Gelegenheiten, bei denen das Wasser vollkommen ruhig war, ankerten wir an der Nordspitze, und obwohl ich ein paar große Hammerhaie tief unter mir sah, gelang es mir nicht, näher an sie heranzukommen.

Andererseits kann man an der Südwestspitze fast immer tauchen — das Boot ankert dann an der West- oder Südseite des Riffs; manchmal bin ich sogar an der Südspitze ins Wasser gegangen und die kurze Strecke bis zur Südwestspitze geschwommen. Die meisten meiner Haifotos von Sanganeb entstanden daher rund um die Südwestspitze.

Die Thermokline bei Sanganeb liegt bei etwa 50 m. Unterhalb dieser Grenze, in den kalten Tiefen, findet man andere Haie als in den warmen, oberflächennahen Zonen. Jack erzählte mir von ein paar Tigerhaien, die er im Lauf der Jahre in ca. 70 m Tiefe am Südwall des Riffs gesehen hatte. Ich unternahm einige tiefe Tauchgänge in der Hoffnung, Tigerhaie zu finden, und einige Male sah ich die Silhouette eines großen, dickbäuchigen Haies durch das Zwielicht gleiten. Der Hai gehörte sicher zur Familie der Blauhaie, war aber zu groß für einen Riffhai und der Form nach auch kein Tigerhai. So tief zu tauchen bringt meist nicht viel; es ist zu dunkel, um ein anständiges Foto zu machen, und ich gab dieses sehr tiefe Tauchen bald auf.

Ich ging jedoch immer noch gelegentlich auf 50 — 60 m hinunter, und einige Male tauchte ich bei Tagesanbruch an der Südwestspitze auch unter die Thermokline. Ein außerordentlicher Anblick belohnte mich. Das Wasser über der Thermokline war fast schwarz, da die Sonne gerade erst aufging. Sobald ich ins kältere Wasser hinunterkam, konnte ich die geisterhaften Schatten kleiner Hammerhaie erkennen, die in der Wasserschicht dicht unter der Thermokline dahinzogen. Sie bildeten keine richtige Schule, sondern eher eine lockere Gruppe. Doch sie waren überall, wohin ich auch sah, kamen auf mich zu und verschwanden dann wieder. Es war, als ob die Obergrenze der kalten Wasserzone das „Dach“ ihrer Welt bildete und ein Durchschwimmen der Thermokline ihnen ebensowenig in den Sinn käme, wie an Land zu kriechen. Obwohl so zahlreich, waren die kleinen Hammerhaie dennoch scheu und hielten Abstand. Ich merkte bald, daß ich keine gute Aufnahme von ihnen bekommen würde.

Die Grauen Riffhaie verhielten sich gleichermaßen ausweichend. Wenn ich an der Südwestspitze tauchte, konnte ich sie mit beträchtlich weniger Schwierigkeiten durch die starke Strömung schwimmen sehen, als ich sie hatte. Mich an die Korallen klammernd, um nicht abgetrieben zu werden, fragte ich mich, wie ich nahe genug herankommen könnte, um sie zu fotografieren. Sie nahmen überhaupt keine Notiz von mir und ließen sich bei ihren fast tranceartigen Patrouillen nicht stören. Es war eine frustrierende Situation — die Haie waren da, aber ich konnte weder näher an sie heran, noch sie zu mir heranlocken. Nur ein einziges Mal im Sommer 1984 zeigte ein Grauer Riffhai Interesse an mir, und dann gleich eines, auf das ich gut hätte verzichten können. Es war von allen bisherigen Begegnungen mit Haien die, bei der ich am meisten Angst ausgestanden habe …

Ich paddelte in der Abenddämmerung dicht unter der Oberfläche am Korallenriff entlang. Der mittägliche Wind war abgeflaut, die Wasseroberfläche lag glatt und grau. Am Horizont brannte die untergehende Sonne eine orangefarbene Bahn in die See. Jetzt, da die Sonne so niedrig stand, wurde ein Großteil des Lichts an der Wasseroberfläche reflektiert, und unter Wasser herrschte Zwielicht. Die wundervollen Farben, in die das Riff

An der Südwestspitze von Sanganeb ist die Riffwand von farbenprächtigen Schwämmen und Korallenformationen bedeckt. Hier schwimmt ein Papageienfisch an alten Steinkorallen vorbei, die längst von anderen sessilen Lebewesen überwuchert sind. Eine Auswahl Schwämme hat sich im Zentrum des Korallenstocks angesiedelt, während sich hellorangefarbene Weichkorallen in der Strömung wiegen. Weichkorallen fehlen die Algen, die man in den meisten Steinkorallen findet; sie filtern organisches Material aus dem Wasserstrom. Wenn das Wasser bewegt ist, „blühen“ die Weichkorallen auf, ist es ruhig, ziehen sie sich zu einem kleinen, knubbligen Gebilde zusammen.

Nächste Seite
Riffmuränen, *Gymnothorax* spp., lauern im Versteck. Die starken und heimlichen Jäger gleiten durch Ritzen und Spalten im Korallenriff, immer auf der Suche nach Beute. Einmal mußten Jack Jackson und ich, nachdem wir Riffhaie gefüttert hatten, im Flachwasser einen Zwischenstopp zur Dekompression einlegen. Das Drahtgestell, an das wir die Köderfische hängen, baumelte an meiner Seite. Plötzlich spürte ich einen kräftigen Ruck am Drahtgestell und sah, als ich hinunterblickte, diese beiden Muränen, die sich einige Überbleibsel herunterpickten. Wir schätzten die Muräne links auf über 1,50 m Länge.

tagsüber getaucht war, verblaßten, und die Korallen nahmen zarte Rosa- und Lilatöne an. Papageienfische, bizarr grün und purpurrot gemustert, schossen zwischen den Korallen hin und her und hielten gelegentlich inne, um mit ihren hornigen Schnäbeln an den Korallen zu knabbern. Das Wasser war erfüllt mit seltsamen Geräuschen, denn das Nachtleben des Riffs erwachte allmählich. Es gab kurze, klickende Laute und sonderbare, vereinzelte Klopfgeräusche — verborgene Krebstiere streckten und beugten ihre Gelenke. Jedermann schien auf Nahrungssuche zu sein.

Am Korallenwall sammelten sich die Fische in Schulen. Hinter mir in der Lagune hörte ich den Leuchtturmgenerator klappern, als er ansprang. Ich blickte aus dem Wasser, sah eine kleine schwarze Rauchwolke, und dann begannen die vier Lichtbündel hoch über mir, unermüdlich ihre Kreise zu ziehen. Ich tauchte wieder in meine exotische Unterwasserwelt

Die „Korallenforelle“, *Cephalopholis miniatus*, die zur Gattung der Felsenbarsche gehört, reißt in ihrer Höhle im Riff gähnend das Maul auf. Wenn sie wirklich Hunger bekommt, wird sie sich auf die Schwärme kleiner Fische vor ihrer „Haustür“ stürzen.

Der Napoleon-Lippfisch, *Cheilinus undulatus*, der größte aller Lippfische, kreuzte vor dem Riff von Sanganeb hin und her. Dieses Exemplar maß 1,25 m und nahm als erstes das angebotene Futter an; auch später gelang es ihm öfter, den Köder vor den Haien zu schnappen. Er begleitete uns regelmäßig auf unseren Tauchgängen an der Südwestspitze.

ein. Das Wasser war warm, an einigen Stellen, wo es aus der flachen, sonnenerhitzten Lagune kam, sogar heiß. Wie schon so oft vorher war ich auch diesmal überwältigt von der Schönheit dieses Riffs — davon, daß irgendein Platz auf Erden so wundervoll sein konnte.

Ich ruhte mich in einer Korallennische aus, die außerhalb der starken Strömung lag, und beobachtete die Fische. Nach ein paar Minuten hatten sich die scheuen Schmetterlingsfische an mich gewöhnt und kamen etwas näher. Ich fragte mich, ob die Haie — irgendwo da draußen — bereits beim Fressen waren. Minuten vergingen. Als ich mich weiter ruhig verhielt, flitzten bald die Papageienfische um mich herum.

Dann geschah es. Etwa 5 m unter mir tauchte ein Grauer Riffhai auf. Ich hatte noch niemals ein Exemplar gesehen, das sich so schnell bewegte, auch keines, das so aufgeregt erschien. Instinktiv wußte ich, daß dieser Hai Ärger bedeutete. Und dennoch lag irgend etwas Zufälliges in seinem Schwimm-Manöver, als ob es ungerichtet sei, Ausdruck blinder Wut. Dann war er verschwunden. Ich blieb vollkommen bewegungslos, wagte kaum zu atmen und vertraute darauf, daß der Hai mich gar nicht bemerkt hatte. Doch zur Vorsicht beschloß ich, noch ein paar Minuten in den Korallen verborgen zu bleiben, bevor ich mich auf den langen Rückweg machte. Meiner Rechnung nach mußte der Hai jetzt bereits hundert Meter oder mehr entfernt sein.

Gerade als ich meine Nische verlassen wollte, sah ich den Hai wieder. Er kam diesmal von unten direkt auf mich zu, stromlinienförmig und bedrohlich. Meine Erfahrung sagte mir, daß er abdrehen und für immer verschwinden würde, statt noch näher zu kommen. Doch er jagte erschreckend schnell heran — in Bruchteilen von Sekunden hatte er die Distanz zwischen uns überwunden. Ich stieß ihm meine Kamera entgegen, eine langsame, schwächliche Geste der Verteidigung. Kaum mehr einen Meter entfernt, schwenkte der Hai zur Seite, sich krümmend und mit den Kiefern schnappend. Dann schoß er davon, grau und massig, aufs Äußerste erregt. Die Botschaft schien klar — „Raus aus meinem Territorium! Ich bin auf Jagd!“

Als ich meine Kaltblütigkeit einigermaßen wiedergewonnen hatte, startete ich zu meinem langen, langsamen Rückzug. Dabei versuchte ich ständig, das Zwielicht um mich herum zu durchdringen. Ich hoffte, daß der Hai endgültig fort war, doch ich bezweifelte es. Er war auf Jagd, und das war sein Revier. Ich begann mich zu fragen, was ich eigentlich hier suchte, in

der Mitte von Nirgendwo, allein an einem Riff in der Dämmerung. Riff-Fische schwammen vorbei, unbeeindruckt. Es schien, als hätte ich jetzt eine sichere Entfernung zwischen mich und den Hai gelegt. Er war in der Dämmerung nur schwer auszumachen, doch ich konnte ihn immer noch in wilden Bögen herumschießen sehen, zur Oberfläche heraufbockend, dann wieder abwärts stürzend, als ob er einen unsichtbaren Feind verfolgt. Sein ganzer Körper schnappte bei jedem Schlag seines breiten, schwarzgeränderten Schwanzes wie eine Peitsche. Als ich weiterschwamm, wurde mir klar, daß der Hai keineswegs verschwunden war, sondern mich begleitete, ständig zum Angriff bereit. Ich war im Zentrum seiner Kreisbahnen.

Zu meiner Erleichterung kam der Hai aber nicht wieder so nah heran, und schließlich, als hätte ich eine unsichtbare Grenze überschritten, verlor er sein Interesse an mir. Seine wütenden Bewegungen lockerten sich, wur-

Geradewegs vor mir gefrieren die eleganten Schwimmbewegungen eines Grauen Riffhaies in bedrohlich-steife Abwehr. Eben noch fast wie in Trance am Riff entlang gleitend, erscheint er mir jetzt wie ein metallisch grauer Pfeil, der auf mich zielt.

den zu einem langsamen Dahintreiben. Jetzt, wo seine Überlegenheit wiederhergestellt war, entspannte sich der Hai...

Als ich Don Nelson später davon berichtete, zweifelte er an meiner Interpretation – daß ich das Territorium des Haies verletzt und von ihm daraus vertrieben worden sei. Dons Arbeiten am pazifischen Grauen Riffhai lassen vermuten, daß ihr Drohverhalten gegen potentielle Freßfeinde, wie größere Haie, gerichtet ist. Er hat Graue Riffhaie mit Transmittern ausgerüstet und konnte zeigen, daß sie oft beträchtliche Entfernungen überwinden. Ein Hai, den er an einem Riff bei Enewetak derart markierte, legte in der Nacht darauf 16 km zurück. Das läßt sich nur schlecht mit der Vorstellung in Einklang bringen, ein solcher Hai habe ein Territorium zu verteidigen. Was auch immer der Grund dafür war, daß dieser Hai eine solche Abneigung gegen mich entwickelte, die Erfahrung wird mir in lebhafter Erinnerung bleiben. Sie trug nicht dazu bei, mich davon zu überzeugen, die Riffhaie des Roten Meeres seien liebenswerte Gesellen, und danach war ich recht vorsichtig. Am Ende des Trips hatte ich dann auch nur ein paar Aufnahmen von Haien, die in der Ferne vorbeischwammen.

Im nächsten Sommer kehrte ich mit Jack nach Sanganeb zurück, fest entschlossen, das Vorhaben, Riffhaie zu fotografieren, neu anzugehen. Ich entschied mich, die Grauen Riffhaie an der Südwestspitze zu füttern, um sie näher heranzuholen. Beim ersten Mal, als ich Fisch für sie mit heruntemahm, kamen die örtlichen Napoleon-Lippfische, die größten Lippfische, ohne Zögern herbei und schnappten den toten Fisch weg, während die Haie aufgeregt, aber scheu im Hintergrund herumtanzten. Am nächsten Tag tauchte ich mit Jack, um es nochmals zu versuchen. Ich schwebte über der Kante des Steilhangs und zerschnitt einen Barrakuda. Der Geruch des Fisches würde am Riff entlangdriften und vielleicht sogar einen Hammerhai heranlocken. Als ich von meiner blutigen Arbeit aufblickte, entdeckte ich plötzlich einen Tigerhai, der genau auf mich zukam. Ich ließ den Fisch fallen und zog mich ins Riff zurück, doch zu meiner Erleichterung machte sich der Tigerhai nach seinem ersten alarmierenden Annäherungsversuch davon. Jack meinte später, daß er etwas größer als ich gewesen sei – so um die 2,50 m lang.

Als wir fortfuhren, die Grauen Riffhaie ein- oder auch zweimal pro Tag zu füttern, wurde bald deutlich, daß sie sehr viel weniger dreist waren als ihre Vettern aus dem Pazifik. Es dauerte oft mehrere Minuten, bis sie herbeikamen und nach dem Köder schnappten. Ich machte jedoch eine interessante Entdeckung – der Fisch mußte nicht frisch und blutig sein. Eines Tages gaben uns die Leuchtturmwärter gebratenen Fisch zum Essen. Da wir nur wenig frischen Fisch hatten, um die Haie zu füttern, nahm ich die Reste unserer Mahlzeit mit. Sie wirkten genauso gut!

Wenn wir gerade keine Haie fütterten, schwamm ich meist zum Steilrand des Unterwassergebirges, um nach Hammerhaien Ausschau zu halten. Öfter entdeckte ich einen oder zwei, 2,50 – 3 m lang, die sich, sobald ich mich näherte, in tieferes Wasser zurückzogen. Ihre typischen, ruckartigen, von einer Seite zur anderen pendelnden Schwimmbewegungen verraten sie selbst aus größerer Entfernung. Außerdem streift das Sonnenlicht selbst im tiefen Wasser die Flanke eines Hammerhaies in einer ganz bestimmten Weise: Sie leuchtet kurz in der Dunkelheit auf, ein geisterhaftes Silberweiß. Das geschieht dann, wenn der Hai seinen Körper ein wenig um die Längsachse kippt, so daß seine Flanke zur Sonne zeigt. Man hat schon darüber spekuliert, ob sie mit diesem „Seitwärts-Drehen" untereinander Signale austauschen.

Nachdem ich ein paarmal am Steilhang getaucht war und die Hammerhaie meist unter mir verschwinden sah, wurde mir klar, daß ich tiefergehen

Rechts: An tropischen Riffen sind fröhlich bunte Farben die Regel. Dieser große Papageienfisch, *Cetoscarus bicolor*, aus dem Roten Meer, hat seinen Namen wegen seines schnabelartigen Mauls erhalten, doch auch in seiner Farbenpracht steht er einem Papageien nicht nach. Dieser Fisch ist ein erwachsenes Männchen; die Weibchen dieser Art sind braun mit einem gelben Streifen. Papageienfische grasen den Algenüberzug von den Korallen ab und verursachen dabei mit ihren harten Schnäbeln oft Schäden.

Unten: Ein Grauer Riffhai patrouilliert am Steilhang des Sanganeb-Riffs. Diese Haie mit ihrem kompakten Körper, ihrer Wendigkeit und Schnelligkeit sind die dominierenden Raubfische an den Riffen im Indopazifik und im Roten Meer.

mußte. Das konnte jedoch ein langer und anstrengender Tauchgang werden, da an dieser Stelle eine gefährliche Strömung herrschte. Es war einfach, dorthin zu gelangen, aber sehr mühsam, wieder zurückzukommen. Als ich zum dritten Mal am Steilhang tauchte, passierte ich die Thermokline bei 50 m und sah acht große Hammerhaie, die in geschlossener Formation hinaus ins offene Wasser strebten. Es waren erwachsene Weibchen, und als sie kurz näherkamen, um mich in Augenschein zu nehmen, konnte ich Bißnarben an Bauch und Flanken erkennen — wahrscheinlich Spuren vergangener Paarungen, die die Zähne des Männchens hinterlassen hatten. Es gelang mir, sie zu fotografieren, doch ich war nicht ganz zufrieden: Das war nur eine kleine Gruppe gewesen, und ich wollte eine ganze Schule!

Im Oktober desselben Jahres kehrten Jack und ich zu einem fünfwöchigen Aufenthalt nach Sanganeb zurück. Diesmal brachte ich einen selbstfabrizierten Haikäfig mit und heuerte einen örtlichen Fischer an, der uns mit Fischen für die Haie versorgen sollte. Ich hoffte auf Tigerhaie, Hammerhaie und auch einige Hochseearten, wie den Weißspitzen-Hochseehai, *Carcharhinus longimanus*. Wir wollten aus den zermatschten Fischen eine Suppe herstellen und sie laufend über den Rand des Bootes schütten, um eine Spur zu legen — eine Technik, die man „Freunde machen" („chumming") nennt. Die Strömung sollte die Spur eine ganze Strecke weit hinaustragen und Haie von nah und fern anlocken. Doch als sich nach ein paar Versuchen kein Hai blicken ließ, gaben wir auf. (Sonny Gruber hat mir später erzählt, daß diese Technik bei Haien in tropischen Gewässern ganz allgemein nicht gut zu funktionieren scheint). So konzentrierten wir uns auf die Grauen Riffhaie. Vier kamen jetzt regelmäßig, drei Weibchen, von denen zwei offensichtlich trächtig waren, und ein schlankes Männchen. Eines der Weibchen trug drei große Küstensauger mit sich herum, die fast so lang waren wie sie selbst. Diese Knochenfische sind keine Parasiten. Sie heften sich nur mit Hilfe ihres Saugorgans am Kopf an größere Fische, Wale oder Schildkröten an und lassen sich von ihnen mitschleppen.

Als „Anhalter" gelangen sie bequem zu guten Futterplätzen und stärken sich zudem unterwegs an den Parasiten auf dem Körper ihres Wirtes.

Wir begannen, gewisse typische Verhaltensmuster an unseren Grauen Riffhaien festzustellen. Es war immer dasselbe Weibchen (zu erkennen an einem Biß in der ersten Rückenflosse), das seine Scheu überwand und als erstes zum Fressen kam. Das Männchen folgte meist erst, wenn die Weibchen versammelt waren, und zog dann oft eine „Schau" ab. Er kreiste, die Brustflossen nach unten gerichtet, über den Weibchen, die sich langsam dem Köder näherten und ihn völlig ignorierten. Nach ein paar vergeblichen Versuchen, seine Dominanz hervorzukehren, gab er regelmäßig auf und schloß sich ihnen an.

Eines Abends fing ein Fischer, der uns besuchte, einen kleinen Grauen Riffhai und gab ihn uns, da er als ungenießbar galt. Aus Neugier nahm ich den Kadaver am nächsten Morgen mit nach unten, um zu sehen, wie unsere Haie reagierten. Sie lungerten bereits erwartungsvoll herum, als wir ins Wasser sprangen, doch sobald sie den toten Hai rochen, flohen sie. Wir sahen während der nächsten drei Tage an der Südwestspitze keinen einzigen Hai — eine bis dahin noch nie dagewesene Situation. Am vierten Tag tauchten drei andere Graue Riffhaie auf; große Weibchen mit frischen Paarungsnarben. Wir sahen nur zwei Tiere der alten Gruppe wieder, und das war fünf Tage nach ihrem plötzlichen Verschwinden. Das schlanke Männchen kehrte gar nicht mehr zur Südwestspitze zurück, wenn ich es auch später etwa 1 km entfernt am Südwall des Riffs wiedertraf.

Am Ende meines Trips nach Sanganeb hatte ich zahlreiche Fotos von

Die Strömung verläuft an der Südwestspitze entlang, die Weichkorallen haben ihre Tentakel ausgebreitet, um mikroskopisch kleine Nahrungspartikel herauszufiltern. Ich habe einige tote Fische im Korallenstock versteckt. Kurz darauf erscheinen die Grauen Riffhaie. Sie haben den Fisch gewittert und kommen nun, einer nach dem anderen, gegen die Strömung angeschwommen, um zu fressen.

Grauen Riffhaien, doch ich war noch nicht mit meinen Aufnahmen von den Bogenschnäuzigen Hammerhaien zufrieden. Meine letzte Expedition zum Sanganeb fand im Juni 1986 statt. Doch als ich ankam, hatte ich mich immer noch nicht entschieden, wie ich meine Tauchtrips einteilen sollte. Mein Hauptanliegen war es, eine Schule Hammerhaie zu fotografieren, aber wenn ich jeden Tag an der Südwestspitze tauchte, würde ich Zeit und Mühe vielleicht in ein vergebliches Unterfangen investieren. Es gab eine Menge anderer lohnender Objekte in den Untiefen rund um das Riff zu fotografieren, wohingegen ich den ganzen Monat tieftauchen und am Ende ohne eine einzige Aufnahme dastehen konnte. Und doch sprachen so viele Gründe dafür, daß sich Schulen von Hammerhaien, wenn vor Sanganeb, dann im tiefen Wasser an der Südwestspitze aufhalten würden. Dort gab es mehr Riffhaie als an der Nordspitze, größere Schwärme von Barrakudas, Stachelmakrelen und anderen Fischen und zahllose große Zackenbarsche, die sich davonmachten, wenn ich tauchte. Alles in allem gab es Räuber und Beute zuhauf an der Südwestspitze. Wenn die Hammerhaie Futter suchten, dann würden sie es dort tun.

Mein erster Tauchtrip an der Südwestspitze in diesem Juni war recht ereignisreich. Als ich unter die Thermokline sank, sah ich einen Küsten-Weißspitzenhai, *Carcharhinus albimarginatus*, der sich dicht an der Riffkante entlang davonmachte. Als ich in ca. 50 m Tiefe um die Spitze schwamm, stieß ich fast mit einem 2,50 m langen Hammerhai zusammen, der mir entgegenkam. Wir waren beide erschrocken. Der Hammerhai reagierte, indem er seinen Kopf vor- und zurückwarf und mit den Kiefern schnappte, bevor er kehrtmachte. Er war fort, bevor ich ein Foto machen konnte — doch wenigstens wußte ich jetzt, daß es hier zumindest einen Hammerhai gab, vielleicht noch mehr. Ich schlug mit meinem Messer kurze Zeit gegen meine Preßluftflasche, um ihn zurückzulocken, doch er blieb verschwunden. Statt dessen näherten sich einige Graue Riffhaie von oben und kamen sehr nah heran, um mich gründlich zu beäugen. Ich war von ihrer Kühnheit überrascht, doch bald erfuhr ich, daß eine weitere Tauchergruppe begonnen hatte, sie zu füttern, so daß sie jetzt fast zahm waren.

Am nächsten Tag wollte ich noch einmal an der Südwestspitze nach Hammerhaien suchen. Als ich mich zum Tauchen fertigmachte, sah ich die Grauen Riffhaie erwartungsvoll unter mir kreisen und tiefer, gerade noch sichtbar, eine Schule Barrakudas. Um meinen Aufenthalt am Grund nicht verkürzen zu müssen, entschied ich mich, den größten Teil der Strecke bis zur Spitze zu schnorcheln und dann von dort aus zu tauchen. Ich wußte aber, daß ich auf die Strömung achten mußte — sie konnte mich leicht zur Oberfläche empordrücken und verdriften. Ich mußte meinen Abstieg schnell hinter mich bringen, um nicht ins offene Wasser abgetrieben zu werden und die Würdelosigkeit zu erleiden, anschließend vom Boot wieder aufgesammelt werden zu müssen. Als ich mich von der Strömung zur Spitze treiben ließ, konnte ich ca. 25 m unter mir fahle Sandflecken erkennen. Meine Erfahrung sagte mir, daß eine Strömung, die vom Riff wegstrebt, gut für Hammerhaie ist. Ich entdeckte einen großen Korallenstock unter mir und begann, nachdem ich meine Uhr gestellt hatte, mit dem Abstieg zum Grund des Unterwassergebirges. Als ich mich von oben herunterhangelte, hielt ich nach Peitschenkorallen Ausschau. Mit ihren langen, dünnen und biegsamen Stengeln zeigen sie Richtung und Stärke der örtlichen Strömung an. Die Strömung war stark, und als ich den Korallenstock erreichte, mußte ich mich an einer Seepeitsche festklammern, um nicht abgetrieben zu werden. Die Grauen Riffhaie waren mir gefolgt und zogen über mir ihre Kreise. Ich drang bis zur Steilkante vor und setzte meinen Abstieg am westlichen Rand fort. Bei 50 m passierte ich die Thermokline und gelangte in kälteres

Schulen des Barrakuda, *Sphyraena* spp., versammeln sich meist dort am Riff, wo es am lebhaftesten zugeht. Vielleicht ist der Zusammenschluß zu Schulen eine Verteidigungstaktik gegen die zahlreichen Haie, die am Riff lauern.

Links: Ein einzelner Bogenschnäuziger Hammerhai, *Sphyrna lewini*, gleitet über den Unterwasserausläufer der Südwestspitze. Manchmal trifft man einen Hammerhai oberhalb der Thermokline an, doch die meisten schwimmen tiefer.

Nächste Seite: Eine Schule von Bastardmakrelen, *Caranx sexfasciatus*, zeigt, wie Schwarmfische reagieren, wenn sich ihnen ein möglicher Räuber nähert. Der Schwarm teilt sich vor dem herankommenden Taucher, und die Fische schießen an beiden Seiten mit hoher Geschwindigkeit an ihm vorbei. Ein Hai hat es unter solchen Umständen sicher sehr schwer, einen bestimmten Fisch „auszugucken", um ihn anzugreifen.

Als ich auf der Suche nach Hammerhaien tiefer hinabtauchen will, versammeln sich die Grauen Riffhaie, die auf Futter hoffen, erwartungsvoll am Abhang.

Wasser. Zudem wurde es dunkler. Ich suchte das Zwielicht vor mir zu durchdringen, konnte aber keine Haie entdecken.

Ich schlug mit dem Messer gegen meine Flasche, nichts geschah. Ich wartete ein paar Sekunden und begann, um die Spitze zu schwimmen. Zeit war sehr kostbar — ich wollte in 5 Minuten wieder im Flachwasser sein, um keinen Zwischenstopp für den Druckausgleich einlegen zu müssen. Als ich die Spitze umrundet hatte, traf mich die volle Wucht der Strömung, die von der Südspitze her kam. Ich war versucht, aufwärts in flacheres Wasser zu schwimmen, wo die Strömung schwächer war, aber ich zerrte mich 20 m an der Südseite des Riffs entlang. Dann sah ich das silberweiße Aufblitzen im offenen Wasser, auf gleicher Höhe mit mir, und wußte, daß dort vorn Bogenschnäuzige Hammerhaie schwammen. Ich klopfte wieder mit meinem Messer gegen meine Flasche, um sie heranzulocken. Ich konnte den Schutz

des Korallenriffs auf keinen Fall verlassen, die Strömung war zu stark und hätte mich abgetrieben. Zu meiner Freude reagierte der Hammerhai – es war ein großes Exemplar – auf meinen Messertrick und kam näher heran. Er schwamm gegen die Strömung und mußte sich anstrengen, um seine Stellung zu halten.

Als ich mein Messer weiter anschlug, glitt der Hammerhai nach kurzem Zögern auf mich zu. Er maß mindestens 3 m. Dann tauchte ein anderer, ebenfalls recht großer Artgenosse hinter ihm auf und dann noch einer. Ich wußte, daß ich unter sie kommen mußte; die Tiere bei diesen schlechten Lichtverhältnissen von der Seite zu fotografieren wäre Zeitverschwendung gewesen – ich brauchte ihre Silhouette gegen das Licht von oben. So stieg ich 3 m tiefer herab, bis sich die Umrisse der Haie über und vor mir abzeichneten. Ich konnte sie jetzt gegen die fahle, weit entfernte Oberfläche viel deutlicher ausmachen. Doch die Hammerhaie verloren ihr Interesse an mir und entschwanden in der Dunkelheit. Ich klopfte mit meinem Messer, so laut ich konnte, und langsam tauchten sie wieder aus dem Unterwassernebel auf und näherten sich. Ich machte eine Aufnahme, doch der Blitz funktionierte nicht, obwohl ich ihn vorher kontrolliert hatte. Wütend fummelte ich an dem Gerät herum und fing dann wieder an zu klopfen. Zu meiner Freude entdeckte ich plötzlich hinter den ersten drei Tieren in weitem Abstand voneinander sechs weitere große Hammerhaie. Dann verstand ich, warum. Als der Trupp näherkam, entdeckte ich noch viel mehr erwachsene Tiere, die einen riesigen Kreis bildeten, von dem ich vorher nur einen kleinen Ausschnitt gesehen hatte. Im Zentrum der Formation schwammen zahllose Jungtiere von weniger als 2 m Länge. Die jungen Hammerhaie waren in einem Ring von Alttieren eingeschlossen. Alles, was ich vor mir sehen konnte, waren ihre seltsamen schattenhaften, schwingenden Köpfe. Während die Hauptmasse der Schule, achtzig oder vielleicht auch hundert Tiere stark, sich von mir fernhielt, schwammen einige wenige Alttiere über mich hinweg, um mich kurz zu inspizieren. Ich machte ein paar Aufnahmen. Dann wurden die Hammerhaie, große und kleine, wieder von der Dunkelheit verschluckt, so, als ob sie niemals dagewesen wären. Aber ich „schwebte wie auf Wolken“. Es war erst mein zweiter Tag, und ich hatte bereits eine Schule Hammerhaie gefunden. Ich hatte noch einen ganzen Monat Zeit, um sie zu fotografieren. Als ich durch die Thermokline wieder aufstieg, dorthin, wo die Weichkorallen ihre Tentakel in die nährstoffreiche Strömung tauchten, konnte ich die Silhouetten der Riffhaie über mir sehen, die noch immer ihre Kreise zogen…

Danach tauchte ich jeden Morgen an der Südwestspitze und suchte nach der Kinderstube der Hammerhaie. Einmal sah ich sie an der Riffstufe unter mir, als ich hinabstieg. Aber als ich unten angekommen war, waren sie verschwunden, und kein noch so lautes Messerklappern brachte sie zurück. Die Chance, diese außerordentliche Formation zu fotografieren, kam nicht wieder. Meines Wissens ist sie bisher von niemandem sonst beobachtet worden, obwohl Schulen von Bogenschnäuzigen Hammerhaien, aus verschiedenen Altersgruppen zufällig gemischt, nach Don Nelson nicht selten sind. Warum bilden Bogenschnäuzige Hammerhaie Schulen? Die einfachste Antwort ist, daß sie es zum Schutz gegen Feinde tun, und die Gruppierung bei der Sanganeb-Schule läßt gerade das vermuten — die Jungen in der Mitte, geschützt von einem Ring erwachsener Tiere. Doch es gibt nur wenige Räuber, die Hammerhaie jagen. Vielleicht würde ein Tigerhai oder ein Weißer Hai einen kleinen Hammerhai angreifen, doch das ist wohl kaum die ganze Erklärung — diese großen Zusammenschlüsse stehen offensichtlich in keinem rechten Verhältnis zu der Bedrohung durch Räuber. Zudem gibt es viele andere Haiarten, die von Tigerhaien und Weißen Haien angegriffen werden und keine Schulen zur Verteidigung bilden. Und Bogenschnäuzige Hammerhaie schwimmen nicht immer in Schulen — man trifft auch häufig einzelne kleine Exemplare.

Eine andere Erklärung ist die, daß sich diese Schulen zu Fortpflanzungszwecken bilden. Doch auch das erscheint unwahrscheinlich, denn sie bestehen größtenteils aus erwachsenen Weibchen und Jungtieren — und die Formation, die ich beobachtet habe, scheint mit dieser Erklärung unvereinbar zu sein. Alle Bogenschnäuzigen Hammerhaie im Roten Meer, deren Geschlecht ich erkennen konnte, waren Weibchen. Sie trugen oft Bißspuren, vermutlich Paarungsnarben, obwohl es auch möglich ist, daß die Weibchen sich gegenseitig beißen, wenn sie um die Rangordnung innerhalb einer Schule kämpfen oder sich um eines der seltenen Männchen streiten.

Die drei großen Bogenschnäuzigen Hammerhaie, die als erste unter der Thermokline vor meinen Sucher gerieten. Sie schwimmen gegen die Strömung und müssen hart kämpfen, um ihre Position zu halten. In diesem Moment hatte ich noch keine Ahnung, was sich im dunkeln hinter ihnen verbarg.

Hammerhai-Schulen bei Sanganab genauer zu studieren ist so gut wie unmöglich. Sie formieren sich meist in großer Tiefe, und man trifft nur selten auf sie. Im Golf von Kalifornien hingegen ist das Wasser seichter, und Schulen sind häufiger. Don Nelson und sein Kollege Peter Klimley konnten verschiedene Verhaltensmuster bei den Mitgliedern einer solchen kalifornischen Schule untersuchen. Dazu gehören das Anrempeln von Artgenossen, heftiges Kopfschütteln, Maul-Öffnen, in Korkenzieher-Windungen und in Schleifen Schwimmen.

Zieht man das alles in Betracht, so stellt das Schulen-Bilden beim Bogenschnäuzigen Hammerhai wahrscheinlich ein komplexes soziales Phänomen dar. Solange Haie Teil einer Schule sind, scheinen sie am Fressen nicht interessiert zu sein — Versuche, sie im Golf von Kalifornien mit toten

Nächste Seite
Ein Teil der großen Schule von Bogenschnäuzigen Hammerhaien. Obwohl die meisten Tiere Abstand hielten, kamen einige nahe genug zum Fotografieren heran. Man beachte, wie die Flanke des führenden Haies selbst bei dem dämmrigen Licht in 50 m Tiefe die Strahlen der Sonne auffängt und reflektiert. Dieses plötzliche Aufblitzen unter Wasser enthüllt die Gegenwart eines Hammerhaies. Einige Wissenschafter vermuten, daß Hammerhaie ihren Körper ganz gezielt drehen, um das Licht aufzufangen und einander Signale zu senden.

Fischen anzulocken, blieben erfolglos. Bei den Dutzenden von Malen, bei denen ich in Sanganeb tote Fische mit hinunternahm, näherte sich mir niemals ein Hammerhai. Graue Riffhaie schwammen oft aus größerer Entfernung heran – gegen die Strömung, nur mit Geruchs-, aber ohne Sichtkontakt mit dem Köder. Es ist wenig wahrscheinlich, daß kein Hammerhai jemals den angebotenen Fisch gerochen hat.

Große und ausgewachsene Bogenschnäuzige Hammerhaie umgeben einen eng zusammengedrängten Pulk von Jungtieren vor der Südwestspitze von Sanganeb. Man weiß, daß diese Art auch in anderen Teilen der Welt Schulen bildet, doch eine Formation wie die hier abgebildete ist bisher noch nirgendwo beobachtet worden.

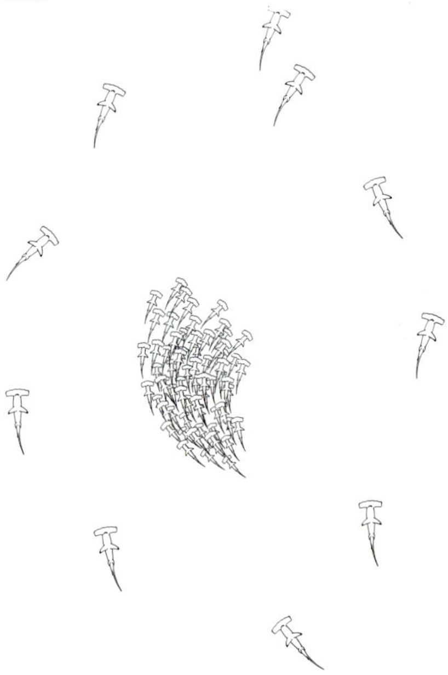

Sonderbar ist auch, wie sich die Hammerhai-Schulen bei Sanganeb bei starker Strömung verhalten. Immer, wenn ich Hammerhaie in größerer Anzahl vor der Südwestspitze antraf, war da eine östlich gerichtete Strömung über den Ausläufern des Riffs. Die Haie richteten sich alle gegen die Strömung aus und hatten dann z.T. Mühe, ihre Position zu halten. Ein seltsames Verhalten – sie müssen eine Menge Energie aufgewandt haben, um

Als ich die Thermokline auf dem Weg nach oben passiere und in wärmeres Wasser gelange, finde ich mich in der vertrauten Umgebung von Korallenstöcken und einzelnen Weichkorallen wieder. Über mir kann ich die Silhouette der Grauen Riffhaie erkennen, die noch immer am Abgrund hin- und herpatrouillieren.

längere Zeit auf der Stelle zu schwimmen. Dabei hätten sie sich jederzeit problemlos aus der starken Hauptströmung in den Schutz des Korallenwalls begeben können.

Experimente mit markierten Tieren, denen man im Golf von Kalifornien nachspürte, brachten kein Licht in die Angelegenheit. Es zeigte sich lediglich, daß Hammerhai-Schulen sich dort anscheinend nicht nach den Strömungsverhältnissen ausrichten. Doch die Studie belegte auch, daß die Schulen sich bei Abenddämmerung zerstreuen – in Einzeltiere oder kleine Gruppen –, um während der Nacht zu fressen. Bei Sonnenaufgang finden sich die Tiere dann wieder zu Schulen zusammen. Das könnte auch für Sanganeb gelten – vielleicht wimmelt das Riff in der Nacht von Hammerhaien, die auf Jagd sind? In der Morgendämmerung sammeln sich die Tiere wie die kalifornischen Hammerhaie vielleicht an einer bestimmten Stelle wieder zu einer Schule – an der Südwest- oder auch der Nordspitze. In dieser großen Gemeinschaft finden dann Sozialkontakte statt, möglicherweise auch Paarungen. Aber wo sind die Männchen? Und warum wählen die Tiere ausgerechnet einen Ort mit einer so starken Strömung? Wie auf viele Fragen zur Biologie der Haie wissen wir darauf keine Antwort – noch nicht.

Kapitel 5

Die Hochsee-Haie

Nächste Seite
Ein Blauhai schwimmt unter dem Forschungsschiff *Discovery*. Am Heck des Bootes kann man von unten Don Nelson ausmachen, der die sich versammelnden Haie beobachtet.

Genauso, wie sich einige Haie dem Leben in Korallenriffen angepaßt haben, verbringen andere Arten die meiste Zeit in den unermeßlichen Weiten der Hochsee. Haie, wie der Tigerhai und der Bogenschnäuzige Hammerhai, durchqueren auf ihren Wanderungen durch alle Weltmeere beträchtliche Strecken, doch sie sind dennoch keine echten Hochsee-Arten, da man sie auch oft im Flachwasser findet.

Taucher treffen selten auf Hochsee-Haie, meist nur dann, wenn sie gezielt nach ihnen suchen, denn die meisten Tauchgänge finden in flachen, küstennahen Gewässern statt. Gelegentlich, wenn der Grund plötzlich sehr steil und tief abfällt, kann man einen kurzen Blick auf einen vorbeiziehenden ozeanischen Hai werfen, einen Besucher aus einer anderen Welt, der die ihm ungewohnten Küstengewässer schnell wieder zu verlassen sucht. Aber das ist auch alles.

Was macht das Leben in der Hochsee, genauer gesagt in den mittleren Wassertiefen, so anders? Die Antwort ist für jeden Taucher, der sich einmal weiter von der Küste entfernt hat, sofort klar — da ist einfach nichts außer Wasser. Marines Leben findet vornehmlich an den Küsten, am Meeresboden oder in den oberflächennahen Zonen statt, wo es von Planktonorganismen — das sind winzige, flottierende Pflanzen und Tiere — wimmelt. Der Ozean gleicht in mittleren Tiefen weitgehend einer lebensfeindlichen Wasserwüste. Aber so wie es an Land Tiere gibt, die in der Wüste gedeihen, so haben sich marine Lebewesen an die endlosen Einöden der Weltmeere angepaßt, unter ihnen auch verschiedene Haiarten. Aber auch in der Weite der offenen See gibt es Flecken, an denen es von Leben wimmelt. Eine Schule von Thunfischen jagt einen Schwarm kleinerer Fische; eine Gruppe Wale wandert zu ihren Nahrungsgründen; eine Million Tintenfische versammeln sich im Mondlicht zur Paarung. Und davon profitieren die Hochseehaie. Im Sommer 1986, während meines Aufenthaltes mit Don Nelson, versuchte ich, den ozeanischen Blauhai, *Prionace glauca*, im offenen Wasser vor der kalifornischen Küste zu fotografieren. Dieses elegante, anmutige Tier ist nicht nur einer der häufigsten Hochsee-Haie, sondern gehört zu den häufigsten Großraubtieren überhaupt. Wie so oft bei Haien, findet man in der Literatur Berichte von gigantischen Blauhaien, die 6 m und mehr erreichen, obwohl diese Angaben höchst unwahrscheinlich sind. Ein großes Exemplar mißt 3 m, doch die meisten erwachsenen Tiere sind nicht länger als 2 m. Man findet den Blauhai in allen gemäßigten und tropischen Ozeanen rund um die Welt. Er zieht kühles Wasser vor, zwischen 7°C und 16°C, doch er kommt auch in den Tropen vor, wo er sich gern in tiefere und kältere Wasserschichten zurückzieht.

Der Blauhai hat sich auf vielfältige Weise an das Leben in der Hochsee angepaßt. Seine Brustflossen sind sehr lang; somit kann der Hai langsam

schwimmen und Energie sparen, ohne zu sinken. Wenn nötig, ist er jedoch zu schnellen Spurts fähig. Weiterhin verfügt er über ein breites Beutespektrum. Die Innenseiten seiner Kiemen sind fein vernetzt, so daß kleine Tiere, wie Anchovis, Shrimps oder Hochsee-Krebse, sind sie einmal im Maul, nicht mehr entkommen können. Doch der Blauhai ernährt sich auch noch von anderen Tieren, darunter Tintenfische und natürlich viele Arten von Knochenfischen.

Blauhaie durchwandern große Strecken, wie Markierungsexperimente gezeigt haben. Haie, die an der Westküste des Atlantiks markiert wurden, sind vor Spanien wieder aufgetaucht, solche von den Kanarischen Inseln vor Kuba. Man nimmt an, daß die Tiere diese enormen Entfernungen zurücklegen, indem sie mit den großen ozeanischen Strömungen schwimmen, namentlich mit dem Golfstrom nach Osten und dem Nördlichen Äquatorialstrom nach Westen.

Blauhaipopulationen sind oft nach Geschlechtern getrennt. Im Sommer findet man vor der kalifornischen Küste fast nur Männchen; die Weibchen halten sich dann weiter nördlich in kälteren Gewässern auf. Blauhaie sind lebendgebärend; die Anzahl ihrer Nachkommen kann beträchtlich schwanken. Manche Weibchen tragen nur vier Junge, aber der Rekord liegt bei 135 Sprößlingen.

Bei meiner Suche nach Blauhaien arbeitete Mike Braun wieder mit mir zusammen: Während ich den einen Hai fotografierte, sorgte er als mein „Leibwächter" dafür, daß sich kein anderer von hinten an mich heranschlich. Don wußte, daß Blauhaie gefährlich werden können — der letzte Taucher, der mit ihm an Blauhaien gearbeitet hatte, war gebissen worden.

Die Methode, Blauhaie heranzulocken, ist simpel: Ein Drahtkäfig mit einer Makrele wird hinter einem dahintreibenden Boot durchs Wasser geschleppt. Durch die Wellenbewegung zerfällt der Fisch allmählich, und so zieht sich bald hinter dem Boot eine für Haie höchst appetitliche Duftspur her.

Schon 10 Minuten, nachdem wir mit dem „Fischschleppen" begonnen hatten, tauchte unser erster Hai auf, ein männlicher Blauhai von knapp 2 m Länge. Aber er blieb nicht lange. Ein zweiter und ein dritter Hai kamen und gingen. Nach zwei Stunden entdeckten wir einen anderen Blauhai dicht unter der Wasseroberfläche. Das leuchtende Blau seines Rückens schillerte in verschiedenen Farben, als er sich im Sonnenlicht bewegte. In einem Augenblick trug er ein tiefes Ozeanblau, das an seiner Flanke in Silber überging. Dann, als er sich umwandte, dehnte sich das Silber aus und tauchte seinen Rücken in metallischen Glanz. Schließlich leuchtete ein grüner Streifen an seiner Seite auf, um bei der nächsten Bewegung wieder zu verblassen.

Mike und ich gingen ins Wasser und sahen drei weitere Männchen, bis zu 2 m lang, die etwas abseits der Duftspur kreuzten. Hinter ihnen, nervös hin und her schnellend, schwamm ein kleiner Makohai, *Isurus oxyrhinchus*. Er verhielt sich ganz anders als die Blauhaie. Während die Blauhaie sich langsam und stetig bewegten, glitt und schoß der kleine Mako kurz unter der Oberfläche umher, wobei das silbrige Weiß seiner Flanken bei jeder Wendung aufblitzte. Und doch, trotz all seiner Schnelligkeit, schien er verwundbar, als ob ein Kratzer ihn töten könnte. Mike meinte später, die Schnauze des Tieres habe ausgesehen, als ob er in einen Bleistiftanspitzer geraten sei. Für mich besaß der Mako die tänzerische Anmut eines Geparden — alles konzentriert auf höchste Geschwindigkeit. Die Schönheit der Blauhaie verblaßte neben diesem Silberpfeil.

Doch der Mako zog sich zurück, während sich die Blauhaie langsam und furchtlos in immer enger werdenden Kreisen um uns bewegten. Diese

Portrait eines Blauhaies im offenen Meer. Diese schlanke Art besitzt eine lange, spitz zulaufende Schnauze. Die erste Rükkenflosse setzt erst weit hinter den langen Brustflossen an, das gibt dem ganzen Tier ein gestrecktes Aussehen. Der Hai wird von einer Schar kleiner Fische begleitet.

zunehmende Nähe war für mich ein wenig beunruhigend. Ich war an Riffhaie gewöhnt, die manchmal schnell heranschießen, sich aber dann sofort wieder davonmachen. Doch diese Haie zeigten keine Neigung zum Rückzug. Sie schienen fast auf der Stelle zu stehen, so langsam bewegten sie sich. Ich wartete gewöhnlich, bis sich einer direkt neben mir befand, machte eine Aufnahme und stieß ihn dann fort. Meist reagierte der Blauhai kaum, wandte sich höchstens ein wenig zur Seite, bevor er wieder auf mich zuschwamm. Als die Minuten vorbeitickten, kamen die Tiere näher und näher, und jedesmal, wenn ich sie abwehrte, wichen sie etwas weniger weit zurück. Sie wurden auch immer geschickter darin, sich von hinten anzuschleichen. Mehrmals, als ich gerade dabei war, einen Blauhai vor mir aufzunehmen, hörte ich Mike rufen und fand, als ich mich umwandte, einen

Nächste Seite
Der Kurzflossige Makohai, *Isurus oxyrhinchus*, gehört zu den schnellsten Tieren im Meer. Er ist eine der am weitesten verbreiteten Arten und bei Sportfischern geschätzt wegen seiner großen Kampfesstärke. Wenigstens ein Angriff eines Makohaies auf einen Menschen ist belegt, man muß die Art jedoch als gefährlich einstufen. Ein Makohai kann 4 m lang werden, doch die meisten Tiere sind kleiner. Sein nächster Verwandter, der Langflossige Mako, *Isurus paucus*, hat längere Brustflossen und ist insgesamt schlanker.

Blauhai hinter mir. Der zog sich aber nicht etwa zurück und der andere auch nicht, darum mußte ich beiden einen Nasenstüber verpassen. Selbst dann reagierten sie kaum. Ich fragte mich, als ich in ihre schwarzen, leblosen Augen sah, wie ich ihnen wohl erschiene und welches Bild sie sich von mir machten. Es war mir klar, früher oder später würden sie zubeißen, wenn auch nur aus Neugier.

Jetzt war ein weiterer kleiner Mako aufgetaucht. Wie der erste war er schnell und scheu und hielt Abstand. Ich hätte ihn sehr gerne fotografiert, aber da gab es gewisse Schwierigkeiten. Die Blauhaie, groß und bedächtig, waren nun zu nah, in diesem Abstand würden sie verzerrt wirken. Aber die Makos, obwohl sie sich näher heranwagten als vorher, waren noch immer zu weit entfernt.

Die Situation mit den Blauhaien spitzte sich zu. Bis jetzt hatten wir uns immer nur gegen einen von ihnen zu wehren gehabt, doch nun rotteten sie sich zusammen. Mike hieb seine Schwimmflosse über den Kopf des einen und kickte gleichzeitig einen anderen, der etwas unter seiner Achsel suchte, mit dem Ellenbogen in die Seite. Dann wirbelte er herum, um einen weiteren Hai wegzustoßen, der hinter ihm herumlungerte. Jetzt war der erste Hai wieder da und Mike begann erneut zu kicken und zu stoßen, während der dritte Hai sein Ohr mit finstrem Interesse begutachtete. Ich hatte dieselben Probleme, und als ein Hai mich kräftig von hinten anrempelte, gelangte ich zu der Überzeugung, daß es Zeit war, das Wasser zu verlassen. Mike war froh, mir zu folgen.

Zurück an Bord, diskutierten wir das Verhalten der Blauhaie. Don gab zu, daß sie wohl ungewöhnlich hartnäckig gewesen waren, doch diese Hartnäckigkeit ist ein typischer Charakterzug von Hochsee-Haien. In den endlosen Weiten des Ozeans treffen sie nur verhältnismäßig selten auf Beute. Wenn sie dann auf irgend etwas treffen, das vielleicht eßbar ist, so untersuchen sie es gründlich, bevor sie es entkommen lassen. Blauhaie gelten nicht einmal als die dreistesten Hochsee-Haie; ohne daß sich eine Duftspur im Wasser befindet, nähern sie sich Tauchern gewöhnlich nicht.

Ein paar Tage später versuchten wir es noch einmal. Es war ein wundervoller Tag, und die See war viel ruhiger als zuvor. Wieder mußten wir uns gedulden. Ein paar Stunden verstrichen, bis ein großer, männlicher Blauhai sich der Duftspur näherte. Ich griff nach meiner Kamera und glitt ins Wasser. Wenige Meter unter der Wasseroberfläche ging ich in Stellung und beobachtete den stattlichen Hai über mir. Was ich sah, überraschte mich. Der Hai klappte seine langen Brustflossen fast senkrecht nach unten und schwamm mehrmals über mir hin und her. Ich wurde sofort an eine ähnliche Vorführung eines Grauen Riffhai-Männchens in Sanganeb erinnert. Er blieb ca. 15 Sekunden in dieser Haltung, und mir war klar, daß er mir etwas signalisieren wollte. Wir kennen neben den Grauen Riffhaien noch verschiedene andere Haie, die in bestimmten Situationen ein typisches Drohverhalten zeigen. Dazu gehören der Galapagoshai, *Carcharhinus galapagensis*, der Mützen-Hammerhai, *Sphyrna tiburo*, der Bogenschnäuzige Hammerhai, *Sphyrna lewini*, und der Küsten-Weißspitzenhai, *Carcharhinus albimarginatus*. Vielleicht ist das Drohen mit heruntergeklappten Brustflossen ein weitverbreitetes Signal unter Haien, das man beim Grauen Riffhai lediglich in besonders komplexer und ausgeprägter Form findet. Ich habe noch nie von einem Blauhai gehört, der so ein Drohverhalten zeigte, und ich fotografierte seine Vorführung mit einiger Besorgnis. Plötzlich wandte sich das Tier ab und schwamm längs der Duftspur zurück. Ich sah, daß es auf einen sehr viel kleineren Blauhai zusteuerte, der vorsichtig Abstand hielt. Der größere Hai begann sofort damit, seinen kleineren Artgenossen einzuschüchtern — er rammte ihn mehrmals in die Seite, bis sich der andere außer Sichtweite zurückzog –, dann kam er zurück, um mich noch einmal genauer in Augenschein zu nehmen. Vielleicht gelangte er zu der Ansicht, daß er mich nicht so leicht vertreiben könnte, denn er wiederholte sein Drohverhalten nicht.

Statt dessen zeigte er sich während der nächsten 10 Minuten äußerst kooperativ und von seiner fotogensten Seite. Ich schoß Bild um Bild, bis der Film voll war. Ein weiterer Blauhai tauchte auf, ebenfalls ein Männchen, doch etwas kleiner als das erste. Das Tier hatte eine böse aussehende Bißwunde an der Schnauze; die tiefen „Stichverletzungen" sahen für mich eher wie die Zahnabdrücke eines Makos als die eines anderen Blauhaies aus.

Ein Teil von Don Nelsons Untersuchungen beschäftigt sich mit Hai-Abwehrmitteln, sogenannten „Repellents". Da Haie manchmal Menschen angreifen, sind wirksame Sicherheitsmaßnahmen zum Schutz von Schwimmern, Tauchern und Schiffbrüchigen usw. wünschenswert. Im Zweiten Weltkrieg waren oft Hunderte von Menschen gezwungen, sich von sinkenden Schiffen ins Wasser zu retten. Viele bluteten heftig und wurden häufig Opfer von Haiangriffen. Im Jahre 1942 sank z.B. das Truppenschiff *Nova scotia* nach einem Torpedoangriff vor der südafrikanischen Küste. Von den rund 900 Soldaten, die dabei ins Wasser gehen mußten, wurden 60 Stunden später nur 192 gerettet. Man nimmt an, daß ein Großteil der anderen von Haien getötet wurde. Die Überlebenden erzählten später grauenerregende Geschichten von diesem Gemetzel.

Schon früher gab es Versuche, chemische Haiabwehrmittel zu entwickeln. Die Marine der Vereinigten Staaten stellte eine Zeitlang einen sogenannten „Shark Chaser" (etwa: Hai-Vertreiber) her, eine Kombination von schwarzer Farbe (um das Opfer zu tarnen) und Kupferazetat (um Haie chemisch abzuwehren). In Tests erwies sich dieses Mittel jedoch als weitgehend unwirksam.

Einen erfolgversprechenden neuen Weg zur chemischen Haiabwehr weisen vielleicht die Beobachtungen, die Dr. Eugenie Clark im Roten Meer an einem kleinen, trägen Fisch, einer Scholle, machte. Sie fragte sich, warum diese Scholle, *Pardachirus marmoratus*, die so langsam ist, daß man sie jederzeit mit der Hand fangen kann, dennoch keine giftigen Stacheln oder ähnliches besaß. Die meisten Tiere, die sich nicht auf Geschwindigkeit bei der Flucht verlassen können, schützen sich durch ein Arsenal solcher Waffen vor Verfolgung. Dr. Clark fand heraus, daß diese Seezunge eine helle Flüssigkeit ausscheidet, die sich Haie bei Fütterungsversuchen zu fressen weigern. Bei der Analyse zeigte sich, daß dieses Sekret ein besonderes Eiweiß enthält, das „Pardaxin". Dieses Eiweiß bindet sich an die empfindlichen Membranen in den Kiemen von Fischen und stört ihre Fähigkeit, die Osmose (Wasser-Salz-Balance) im Körper zu regulieren. Labortests haben gezeigt, daß Pardaxin vielen Haien Unbehagen verursacht, und sie damit getränkte Nahrung meiden. Leider ist dieser Stoff chemisch nicht sehr stabil und würde bei industrieller Herstellung sehr teuer werden. Doch die Eigenschaft, die Pardaxin als Repellent so wirksam macht, ist seine Fähigkeit, Fette zu spalten oder zu emulgieren – und das tut es auch mit den Fettmolekülen in den Kiemenmembranen. Chemisch gesehen ist das nicht weiter schwierig – Detergenzien, wie unsere handelsüblichen Geschirrspülmittel, tun dasselbe, und bald testeten Wissenschaftler eine Vielzahl von Detergenzien auf ihre Wirksamkeit gegen Haie. Ein Stoff, Natriumlaurylsulphat, wirkte sogar noch stärker abschreckend als Pardaxin, und mit dieser Substanz hat Don Nelson in neuerer Zeit Versuche gemacht. Don trägt eine Lösung des Stoffes in einem Drucktank auf seinem Rücken; in der Hand hält er ein Rohr mit einer Plastikspitze, die durch einen Schlauch mit dem

Nächste Seite
Ein erwachsenes Blauhai-Männchen von ca. 2 m Länge senkt seine Brustflossen, als es über mich schwimmt. Ich sehe das als ein Warnsignal an, obwohl solche Drohgebärden von dieser Art bisher nicht bekannt sind.

Behälter verbunden ist. Kommt einer der ihn umkreisenden Haie nah genug heran, dann spritzt er ihm eine genau abgemessene Menge der Lösung ins Maul, so daß der Wirkstoff die Kiemen von innen durchspült. Ein Hai, an dem ein solcher Repellent-Test vorgenommen werden soll, muß markiert werden, so daß man ihn identifizieren kann, falls er nach dem Test erst einmal flieht, später aber zurückkehrt. An verschiedenen Haien werden unterschiedliche Konzentrationen des Repellents erprobt, um die optimale Menge zu finden.

Während der nächsten beiden Tage, die ich mit ihm verbrachte, machte Don Repellent-Experimente mit Blauhaien. Die Hartnäckigkeit, mit der sie ihre Kreise um einen Taucher ziehen und die mich ein paar Tage früher so

Oben und rechts
Don Nelson demonstriert die Wirksamkeit eines handelsüblichen Reinigungsmittels bei der Abwehr eines Blauhaies. Der Hai ist an der Rückenflosse markiert, so daß er, falls er zurückkehren sollte, leicht identifiziert werden kann. Die Lösung wird dem Hai ins Maul gespritzt. Er reagiert heftig, schüttelt seinen Kopf und versucht, seine Kiemen durchzuspülen, bevor er flieht. Die Tatsache, daß ein Hai, der von einer Futterquelle angelockt wird, das Gebiet verläßt und nicht wiederkehrt, zeigt die Wirksamkeit des Repellents.

Der alte heilige Grund von Pu'uhonua-o-Honaunau auf dieser hawaiischen Insel ist bekannt als „Ort der Zuflucht" bekannt. Der Tempel ist eine moderne Rekonstruktion des alten Bauwerks, in dem die Gebeine hawaiischer Könige begraben wurden.

beunruhigt hatte, diente nun einem guten Zweck – es machte sie zu idealen Testobjekten für unser Haiabwehrmittel. Obwohl die Tests mit Natriumlaurylsulphat in offenem Wasser noch in ihren Anfängen stecken, erhielt Don schon einige interessante Ergebnisse. Auf eine 10%ige Detergenz-Konzentration (gelöst in 90% Meerwasser) reagiert ein Hai sehr heftig: Er reißt sein Maul auf und saugt Wasser an, mit dem er seine Kiemen durchspült, bevor er sich davonmacht, oft, um nicht mehr wiederzukommen. (Ein solcher markierter Hai wurde Wochen später von Fischern gefangen; das Mittel hatte ihn also nicht getötet.) Bei einer 5%igen Lösung flüchteten die Blauhaie zwar im allgemeinen, doch nicht so schnell, und sie kehrten oft später wieder zum Boot zurück; eine 2,5%ige Lösung rief kaum mehr als ein gründliches Durchspülen der Kiemen hervor. Don warnte vorsichtig vor übertriebenen Hoffnungen; die Arbeit habe gerade erst begonnen, und es sei noch zu früh, über ein allgemein verfügbares Hai-Abwehrmittel zu sprechen. Doch es hat sich gezeigt, daß sich Haie mit handelsüblichen Detergenzien abschrecken lassen. Die Frage ist, ob sich eine einfache Anwendungsmethode entwickeln läßt. Wenn man an die relativ hohe Konzentration denkt, die man benötigt, und daran, daß der Stoff die Kiemen des Haies erreichen muß, dann werden die Schwierigkeiten des Problems deutlich. Es gehören schon einige Nerven dazu, einem Hai ein Stück Rohr ins Maul zu schieben. Die meisten Leute, die sich plötzlich Auge in Auge mit einem Hai finden, haben kaum Gelegenheit, es auszuprobieren.

Der dominierende Hochsee-Hai in den Tropen ist massiger, stärker und insgesamt aggressiver als der Blauhai. Es ist der Weißspitzen-Hochseehai, *Carcharhinus longimanus*. Er ähnelt den übrigen Haien seiner Gattung in der Statur, doch in bezug auf sein „Temperament" nimmt er eine Sonderstellung ein. Um diesen Hochsee-Hai zu fotografieren, besuchte ich im November 1986 Dan McSweeney in Hawaii. Während der letzten zwölf Jahre hat er im Pazifik rund um Hawaii Wale untersucht, die dort in vielen verschiedenen Arten vorkommen.

Ich hatte längere Zeit darüber nachgedacht, wie ich es anstellen sollte, einen Weißspitzen-Hochseehai zu fotografieren. Die Tiere nähern sich nur selten einer Küste – beim Hochseeangeln mit langen Ruten hat sich gezeigt, daß diese Haie um so häufiger vorkommen, je weiter man sich vom Land entfernt. Sie gehören zu den eindrucksvollsten Carcharhiniden (Fam. Blauhaie) und können länger als 3 m werden. Die erste Rückenflosse ist groß und an der Spitze abgerundet, die Brustflossen sind breit und lang – daher *„longimanus"* oder „lange Hand". Cousteau nennt diesen Hai in Anspielung auf seine Brustflossen und sein stattliches Äußeres den „Herrscher mit den langen Armen". Seine Färbung variiert in verschiedenen Teilen der Welt voneinander. Im Roten Meer ist der Rücken braun, im Indischen Ozean grau und rund, um Hawaii blaß beige. Die Rückenfärbung geht von unregelmäßigen Flecken in die weiße Bauchfärbung über. Die Spitze der ersten Rückenflosse, die Flügel der Schwanzflosse und die Enden der Brustflossen sind ebenfalls hell mit dunklen Flecken gezeichnet. Sonny Gruber vermutet, daß diese hellen bis weißen Flossenmarkierungen ein innerartliches Erkennungsmerkmal darstellen.

Der Weißspitzen-Hochseehai besitzt, wie viele andere große Vertreter der Blauhaifamilie auch, sehr kräftige Kiefer mit eng aneinanderstehenden, dreieckigen, gesägten Zähnen. Mit diesem Gebiß kann der Hai Fleischbrokken aus einer großen Beute reißen, anstatt sich mit kleineren Opfern zufriedenzugeben. Doch es ist sein „Charakter", der ihn von anderen Haien unterscheidet, dessentwegen Cousteau den Weißspitzen-Hochseehai den gefährlichsten von allen Haien nannte: seine erstaunliche Furchtlosigkeit, das Fehlen eines auch noch so kurzen Zögerns, wenn er eine mögliche

Beute angeht. Er schwimmt direkt auf sein Ziel zu und rammt das Objekt seiner Begierde meist ganz ohne Scheu. Dank seiner Dreistigkeit konnte der Weißspitzen-Hochseehai in den riesigen Wasserwüsten der tropischen Ozeane derart gedeihen. Wenn einem solchen Hai schließlich eine potentielle Mahlzeit vor die Schnauze schwimmt, dann läßt er sich von seinem Vorhaben, sie zu verschlingen, durch nichts abbringen. Man kann davon ausgehen, daß die meisten Schiffbrüchigen, die im Zweiten Weltkrieg in tropischen Meeren von Haien getötet wurden, dieser Art zum Opfer fielen.

Doch diese Haie verfügen nicht nur über rabiate, sondern auch über subtilere Methoden des Nahrungserwerbs. Man hat sie beobachtet, wie sie inmitten einer Schule kleiner Thunfische schwammen, die gerade Sardinen erbeuteten. Die Weißspitzen-Hochseehaie hielten ihr Maul weit offen, ohne daß sie die Absicht zu haben schienen, Beute zu machen. Einige wurden später gefangen und seziert: Man fand Thunfische in ihrem Magen, die vermutlich zufällig in ihr eigenes Grab schwammen.

Mein Grund, Hawaii als Standort für die Suche nach dem Weißspitzen-Hochseehai zu wählen, war der, daß dieser großartige Hai hier relativ nah an die Küste herankommt — so hatte ich jedenfalls gehört. Die vulkanischen Spitzen der Hawaii-Inseln steigen vom Grund des Pazifischen Ozeans auf, das Wasser rundum ist reich an marinen Säugetieren: Es gibt Schweinswale und Tümmler, Indische Grundwale und Kleine Schwertwale, Pottwale und Buckelwale und viele andere Arten. Dan und ich suchten mit seinem kleinen Boot nach Indischen Grindwalen, *Globicephala macrorhynchus*, denn häufig werden diese Tiere von Weißspitzen-Hochseehaien begleitet. Trifft man auf eine große Gruppe von Grindwalen, dann sind die Chancen sehr hoch, daß sich ein paar Weißspitzen-Hochseehaie in ihrer Nähe aufhalten. Warum das so ist, weiß niemand genau. Vielleicht begleiten sie die Wale und fressen mit ihnen von den Tintenfischen, von denen sich Grindwale vorwiegend ernähren.

Hawaiis hohe vulkanische Skyline schützt die Gewässer von Westen her vor den nordöstlichen Passatwinden. Daher ist die See hier oft noch mehrere Kilometer vor der Küste bemerkenswert ruhig, und man kann sich in einem kleinen Boot ins offene Wasser hinauswagen. Obwohl wir gut 6 km von der Küste entfernt waren, brachen sich keine Wellen an unserer Bordwand — die See war völlig glatt. Dan hatte gelernt, die verschiedenen Grindwalschulen, die meist dicht an der Wasseroberfläche schwimmen und gewöhnlich aus 20–60 Tieren bestehen, auseinanderzuhalten. Es gibt viele, teils leicht, teils schwer zu erkennende Unterscheidungsmerkmale. Als solche dienen z.B. Flossenform und auffällige Narben. Eine Schule konnte man sofort an dem Durchschuß identifizieren, der die Rückenflosse eines bestimmten Wals durchlöchert hatte. Schulen bestehen gewöhnlich aus vielen Jungtieren und Weibchen, die im Durchschnitt weniger als 3 m lang sind, und ein paar erwachsenen Walbullen, die über 6 m messen können.

Dan und ich ließen unseren Blick über das glatte Wasser streichen und hielten nach den schimmernden, schwarzen Rückenflossen Ausschau, die irgendwo durch die Oberfläche brechen mußten. Dan stand mit einigen Sportfischerbooten in Radio-Kontakt, die Marline angelten. Marline waren in den letzten Tagen häufig im offenen Wasser vor der Küste gesichtet worden, und viele Fischerboote waren ausgelaufen, um sie zu fangen. Sie würden uns jeden Wal, den sie zu Gesicht bekämen, per Radio melden. Die Stunden vergingen, während wir nach irgendeiner Störung der glatten Wasseroberfläche Ausschau hielten. Wir überprüften ein paar Bojen, die im tiefen Wasser verankert waren. Gelegentlich sollen sich Weißspitzen-Hochseehaie bei diesen Bojen aufhalten, doch ohne Erfolg. Gerade in diesem Augenblick knatterte und knisterte es im Radio: „...Grindwale entdeckt,

Bei unserer Suche nach Grindwalen trafen wir auf diesen kleinen Walhai, der langsam an der Oberfläche kreuzte. Hier schwimmt er zwischen Dan McSweeney und mir. Dieses Exemplar zeigte dasselbe neugierige Interesse an uns wie sein Artgenosse in Neuguinea, bevor es abtauchte.

3,5 Meilen vor Kealakekua…“ Wir wendeten das Boot in die angegebene Richtung und hatten die Stelle bald gefunden. Es war eine große Schule, vielleicht fünfzig Wale, die nach Norden zogen. Dan erklärte mir, daß sie vermutlich Tintenfischschwärmen tief unter ihnen folgten, da ein Teil des Trupps stets einige Minuten lang tauchte, bevor die Tiere wieder an die Oberfläche kamen und von anderen ersetzt wurden. Sie wanderten recht schnell, und ich zweifelte daran, daß Weißspitzen-Hochseehaie mit diesen schnellen Walen über längere Strecken Schritt halten konnten. Wir schlossen zu den wandernden Walen auf, und Dan begann, ihre Rückenflossen zu fotografieren, um die Schule später identifizieren zu können. Einer der großen Bullen kam ans Boot heran und begleitete uns eine kurze Strecke, wäh-

rend die kleineren Wale Abstand hielten. Einige von ihnen wiesen tiefe, fast kreisrunde Wunden auf. Diese Wunden, im Durchmesser etwa so groß wie ein Golfball, verdanken sie einem sonderbaren Hai, dem „Plätzchenstecher" („cookie cutter"), *Isistius brasiliensis.* Dieser kleine Hai erreicht nur eine Länge von ca. 50 cm, doch sein großes Maul ist mit sehr langen, bösartigen Zähnen bewaffnet. Seine Jagdtechnik ist so einfach wie erfolgreich: Er schwimmt auf ein großes Tier zu, schlägt ihm seine Zähne in den Leib und reißt der Beute mit einer schnellen Drehung seines Körpers ein Stück Fleisch heraus, bevor er sich davonmacht. Die meisten seiner Opfer sind große Knochenfische und Wale, doch vermutlich kann dieser kleine Hai ebenso leicht einen Taucher angreifen. Glücklicherweise verbringt der „Plätzchenstecher" den Tag vorwiegend in tiefem Wasser. Dan versicherte mir, daß er noch nie ein solches Tier gesehen habe.

Um wandernde Grindwale zu finden, benötigt man Ausdauer und Glück. Dies hier ist der Indische Grindwal, die tropische Art. Der Pazifische Grindwal bevorzugt kältere Meeresregionen. Während die kleineren Mitglieder der Schule vorsichtig Abstand halten, sind die Bullen weniger scheu. Dieser große Bulle begleitete unser Boot eine ganze Weile.

Wir verbrachten etwa eine Stunde mit der Schule, doch die Wale hatten keine Haie in ihrer Begleitung, so versuchten wir es am nächsten Tag noch einmal. Dan erzählte mir, die Fischer seien erstaunt über die große Zahl von Marlinen, die sie fingen. Nicht nur das, sondern der Wind kam zudem aus Norden — das waren nicht die normalen Passatwinde. Ich fragte mich, ob die Abwesenheit der Weißspitzen mit dem sonderbaren Wetter und der Marlinschwemme zusammenhängen könnte. An diesem Nachmittag trafen wir auf eine weitere Schule von Grindwalen, die auch sehr schnell wanderte. Ich ging ein Stück vor ihnen ins Wasser und wartete auf den Trupp. Dan warnte mich, falls Weißspitzen bei ihnen seien, würden sie direkt auf mich zuschwimmen und mich wahrscheinlich anrempeln. Er zöge ihnen dann immer eins über, so fest er könne, dann schwämmen sie gewöhnlich davon. Wenn sie mit den Grindwalen zusammen sind, verhalten sie sich im

Nächste Seite
Ein Grindwalbulle taucht. Grindwale können ein großes Areal abdecken, wenn sie Tintenfische vor sich hertreiben. Ein Teil der Wale schwimmt dann immer unter Wasser, während die übrigen an der Oberfläche Luft holen, bevor sie ihrerseits tauchen.

allgemeinen weniger hartnäckig und gierig, als wenn sie allein jagen. Vielleicht finden sie bei den Walen genügend zu fressen und sind daher weniger hungrig als sonst.

Ich sah die Schatten der Wale, als sie sich mir näherten, machte meine Kamera fertig und suchte nach den wellenförmigen Bewegungen eines großen Haies. Aber die Wale tauchten unter mir weg, und ich war allein. Einige Sekunden später erschien ein kleiner Galapagoshai, *Carcharhinus galapagensis*, der offensichtlich den Walen folgte.

Zwei weitere Tage vergingen mit Suchen, doch wir fanden keine Grindwale mehr. Die Fischer fingen weiterhin viele Marline, und der Wind blies unablässig aus dem Norden und machte die See kabbelig und unerfreulich. Einmal entdeckten wir einige Kleine Schwertwale, *Pseudoorcas crassidens*, die unter der Wasseroberfläche entlangeilten und offensichtlich auf Jagd waren. Diese tropischen Vettern der Schwertwale, *Orcinus orca*, sind kraftvolle Räuber. Wir folgten zwei Kleinen Schwertwalen, einer Mutter mit ihrem Kalb, und plötzlich wandten sie sich um und jagten auf das Boot zu. Dan stellte den Motor aus, und wir sahen sie auf uns zukommen. Gerade vor dem Muttertier schwamm eine große Goldmakrele, *Coryphaena hippurus*, um ihr Leben. Die drei schossen direkt unter unser Boot hindurch, die Goldmakrele voran, die Schwertwale immer hinterher. Dann bemerkten wir, daß die Goldmakrele unter dem Rumpf unseres Bootes Zuflucht gesucht hatte. Wir schnappten uns unsere Kameras und gingen ins Wasser, um diesen normalerweise unzugänglichen Fisch zu fotografieren. Das Tier war von seinem stumpfen Kopf bis zu seiner Krummsäbel-Schwanzflosse ca. 1,25 m lang, und seine Färbung – dunkle Braun- und Grüntöne, die hie und da zu gelblichen Flecken verblaßten – kennzeichnete es als ein Weibchen. Es blieb unter dem Boot und ließ sich geduldig fotografieren, erschöpft und keinesfalls gewillt, diesen „Hafen“ so bald wieder zu verlassen.

Oben
Diese weibliche Goldmakrele sucht unter unserem Boot Schutz vor den Kleinen Schwertwalen, die sie verfolgen. Goldmakrelen werden von flottierenden Objekten instinktiv angezogen, denn sie jagen unter Algenteppichen, die an der Oberfläche treiben, nach Beute.

Rechts
Dieser junge Galapagoshai war der erste Hai, den ich im Schlepptau der Grindwale entdeckte. Galapagoshaie gehören zu den eindrucksvollsten Vertretern der Blauhaie; sie können bis zu 3,7 m lang werden. Man findet sie gewöhnlich in der Nähe ozeanischer Inseln.

Ein Blauer Marlin, *Makaira nigricans*, gleitet in der Hochsee vor Hawaii dicht unter der Wasseroberfläche dahin. Diese schnellen, kräftigen Schwimmer werden bis zu 4,50 m lang. Wahrscheinlich sind von allen Haien nur die Makos schnell und stark genug, um es mit einem gesunden Marlin aufzunehmen. Marline benutzen ihren speerförmigen Schnauzenvorsatz, um die Fische, die sie jagen, zu betäuben und um sich gegen Haie zu verteidigen.

Im Hintergrund konnten wir das Quieken hören, das die Kleinen Schwertwale zur Echoorientierung ausstießen, doch sie hielten Abstand. Später erzählte mir Dan, daß er schon öfter im Wasser gewesen sei, wenn die Kleinen Schwertwale gerade erbeutete Goldmakrelen verzehrten. Bei einer Gelegenheit kam ein Schwertwal mit einer Goldmakrele im Maul auf ihn zugeschwommen und ließ sie vor ihm fallen – offensichtlich hatte er Dan den Fisch angeboten!

Nach einer Stunde ständigen Schwimmens halten die Grindwale plötzlich an und bilden an der Oberfläche einen dichten Pulk. Häufig heben sie dann ihren Kopf aus dem Wasser, um uns genauer in Augenschein zu nehmen. Wenn sie sich so an der Oberfläche versammeln – wie hier von unten zu sehen –, tauchen oft auch die Haie in ihrer Begleitung auf.

Weitere Tage vergingen, ohne daß wir auf Haie gestoßen wären, allmählich änderte sich das Wetter. Der Nordwind wandelte sich zu einem Nordostwind, und die küstenfernen Gewässer beruhigten sich. Plötzlich fingen die Fischer keine Marline mehr und kehrten nach Hause zurück. Wir setzten unsere Suche nach Grindwalen und Weißspitzen-Hochseehaien fort und hatten bald Erfolg; vielleicht Zufall, vielleicht auch nicht. Es gibt noch viele Dinge im Ozean, die wir nicht verstehen.

Die Wasserfläche ist so ruhig, daß wir das Glitzern der Sonnenstrahlen auf dem Rücken dieser Grindwale schon von weitem erkennen können. Sie rasten zusammen, und wir können ihr Schnaufen beim Atmen hören, wenn sie große Mengen Luft in ihre Lungen saugen. Als wir näherkommen, sehen wir die bleichen, geschwungenen Silhouetten der Weißspitzen-Hochseehaie, die zwischen ihnen schwimmen.

Als ich auf die ruhenden Wale zuschwimme, gleitet ein Weißspitzen-Hochseehai zwischen ihnen zur Oberfläche empor.

Nachdem der Nordwind aufgehört hatte zu blasen, war die See wieder völlig ruhig, und wir sahen die Sonne weit draußen auf den glänzenden schwarzen Rücken der Grindwale glitzern. Als wir sie erreichten, aalten sie sich dichtgedrängt ruhig an der Oberfläche. Einige hoben den Kopf aus dem Wasser, um uns zu beäugen, und ließen sich dann wieder zurückgleiten. Zwischen ihnen waren die kleineren, bleichen Silhouetten von Weißspitzen-Hochseehaien zu erkennen, die sich dicht unter der Oberfläche bewegten. Als ich mich zum Tauchen fertigmachte, kamen ein paar Haie neugierig herangeschwommen, bevor sie sich wieder zu den ruhenden Walen begaben.

Ich glitt ins Wasser und begann langsam, auf die Wale zuzuschwimmen. Vor mir konnte ich sie sonnenbaden sehen, während sich ein Weißspitzen-Hochseehai zwischen ihnen hindurchschlängelte. Dann bemerkte ich einen anderen Weißspitzenhai, der von links auf mich zukam. Er schwamm dicht unter der Oberfläche, etwas größer als ich, massig und majestätisch, beglei-

Die Sonne brennt verschlungene Muster auf den Rücken dieses Weißspitzen-Hochseehaies. Man kann die große, abgerundete Rückenflosse und die breiten Brustflossen dieser Art gut erkennen. So wie sich Weißspitzenhaie häufig Grindwalen anschließen, werden sie ihrerseits von gestreiften Lotsenfischen begleitet. Diese Fische schießen oft am langsam dahingleitenden Hai vorbei auf einen Taucher zu und umkreisen ihn kurz, bevor sie zu ihrem Wirt zurückkehren. Im Hintergrund sind einige Hochsee-Stachelmakrelen zu sehen, die ebenfalls den Grindwalen folgen, sich im allgemeinen aber nicht um die Haie kümmern.

tet von mehreren Lotsenfischen, *Naucrates ductor*. Diese gestreiften Fische begleiten Meerestiere, wie Haie und Schildkröten. Man dachte lange, daß sie Haie zu einer Futterquelle hinlotsen – daher ihr Trivialname. Das stimmt aber keinesfalls, sie ernähren sich wahrscheinlich von den Krumen, die von ihres Meisters Tisch fallen, und befreien ihn wohl auch von Parasiten. Weil Lotsenfische sich ständig in der Nähe eines großen und wehrhaften Tieres aufhalten, genießen sie auch Schutz vor Verfolgern.

Der Hai war etwa 2 m entfernt, und ich erwartete, daß er direkt auf mich zukäme, doch er wandte sich ab. Da bemerkte ich, daß die Wale abgetaucht waren; sicherlich war der Hai den Walen gefolgt. Er war mehr daran interessiert, bei ihnen zu bleiben, als sich mit mir abzugeben. Jetzt entdeckte ich einen anderen Weißspitzenhai unter mir, der hinter den Walen herschwamm.

Ich kletterte ins Boot zurück, und wir setzten den Walen weiter nach. Wir überholten die Schule und gingen vor ihnen ins Wasser. Ich konnte jetzt vier Weißspitzenhaie zwischen den viel größeren Walen ausmachen. Zwei schwammen außen an der Seite und wichen nicht von ihrem Kurs ab. Doch wir lagen genau auf der Route der anderen beiden, und sie glitten direkt auf uns zu, furchtlos und neugierig. Sie kamen so nah heran, daß ich glaubte, gleich würden wir zusammenstoßen, doch sie berührten uns nicht.

Die Wale schwammen an beiden Seiten vorbei, und die Haie ließen sofort von uns ab, um mit den Walen mitzuhalten. Ich schwamm so schnell wie möglich, um mit den Walen auf einer Höhe zu bleiben, aber ich war zu langsam. Die Weißspitzen-Hochseehaie hingegen glitten mühelos durchs Wasser und hielten scheinbar spielend mit den Walen Schritt. So viel zu ihrer angeblichen Schwerfälligkeit!

Erst als die Wale wieder eine Ruhepause einlegten, schwammen die Haie wieder auf uns zu, um uns eingehend zu betrachten. Andere Haie verlieren

Oben
Die hellbeige Färbung dieses Weißspitzen-Hochseehaies ist typisch für Exemplare, die um Hawaii vorkommen; ihre Artgenossen im Indischen Ozean sind grau. Am Bauch hat sich ein Schiffshalter angeheftet.

Rechts
Neben dem Grindwal erscheint der Weißspitzen-Hochseehai klein. Welche Beziehung auch immer zwischen diesen beiden ungleichen Tierarten besteht, die Grindwale nehmen von den Haien nicht die geringste Notiz.

Die Weißspitzen-Hochseehaie begleiten gewöhnlich die abtauchenden Wale. Das auffälligste Merkmal der Haie ist auf diese Entfernung die weiße Markierung an der Spitze der ersten Rückenflosse. Wenn man die Dreistigkeit und das breite Beutespektrum dieser Haie bedenkt, dann kann es für sie von Vorteil sein, Mitglieder der eigenen Art schnell zu identifizieren, um ihnen nicht als vermeintlichen Opfern sofort hinterherzujagen.

nach einer ersten Inspektion schnell das Interesse, doch diese Haie näherten sich uns jedesmal von neuem. Dann passierte es. Eine meiner Kameras besaß einen lauten Alarm, der sich anstellt, wenn Wasser ins Gehäuse dringt – und natürlich ging das Ding los. Bevor ich mich versah, umkreisten mich alle vier Haie mit großer Geschwindigkeit, neugierig und höchst aufgeregt. So schnell bin ich, soweit ich mich erinnern kann, noch nie ins Boot zurückgeklettert!

Ich konnte jetzt jeden einzelnen Hai identifizieren. Der größte, dem der kleine Lotsenfisch immer vor der Schnauze tanzte, war ein erwachsenes Männchen, über 2 m lang. Die anderen drei waren Weibchen – etwas kleiner und rundlicher. Eines hatte vier Lotsenfische bei sich, die beiden anderen gar keinen. Wenn die Wale anhielten und sich zusammendrängten, verließen die Lotsenfische ihre Haie und schwammen umher. Doch sobald die Wale ihre Wanderung wiederaufnahmen, kehrte jeder Lotsenfisch zu seinem Hai zurück und begleitete ihn weiter.

Nur einmal schien sich ein Weißspitzenhai durch meine Anwesenheit beunruhigt zu fühlen. Die Wale wanderten wieder, und Dan hatte mich vor ihnen im Wasser abgesetzt. Als ich die dunklen, voluminösen Umrisse der näherkommenden Wale beobachtete, sah ich, daß die Haie fast auf gleicher Höhe mit mir waren. Wenn ich mich nicht vor sie setzen konnte, würden sie vorbeiziehen, ohne daß ich irgendwelche Bilder bekäme. So schwamm ich, so schnell ich konnte, um einem von ihnen den Weg abzuschneiden. Diesmal war ich es, der sich dem Hai näherte. Und statt auf mich zuzuschwimmen, wie ich erwartet hatte, versuchte der Hai, mir auszuweichen. Doch ich schwamm noch immer vor ihm. Jetzt waren die Wale an uns vorbeigezogen, und der Hai fiel zurück. Er begann, sein Maul besorgt zu öffnen und zu schließen, während er gleichzeitig den Kopf von einer auf die andere Seite warf. Dann knickte er den Rumpf ab und tauchte mit hoher Geschwindigkeit senkrecht nach unten. Ein paar Stachelmakrelen schwammen um uns herum, und der Hai setzte an, sie zu jagen. Die Situation war ein wenig albern, denn sie waren zu weit weg, und er hatte keine Chance, sie zu fangen. Sie zerstreuten sich und ließen ihn ins Leere schießen, wobei er noch immer sein Maul öffnete und schloß. Der Hai hatte dieselben Fische mehrere Stunden lang nicht beachtet – auch sie zogen mit den Walen. Er fing keinen von ihnen, und als er an mir vorbei war, entspannte er sich und folgte den verschwindenden Walen. Seine Sorge, von der Walschule getrennt zu werden, war offensichtlich und vergrößerte meine Verwunderung über diese Haie und ihre unerklärliche Beziehung zu den Grindwalen. In meiner letzten Erinnerung an Hawaii sehe ich stets die planschenden und tauchenden Wale, begleitet von den Weißspitzen-Hochseehaien, die ihnen in einem geheimnisvollen Pakt verbunden schienen.

Kapitel 6

Der Weiße Hai

Nächste Seite
Ein Australischer Seelöwe, *Neophoca cinerea*, aalt sich am Dangerous Reef vor Südaustralien in der warmen Sommersonne. Diese Tiere waren einst auf verschiedenen Inseln weit verbreitet, doch andauerndes Bejagen durch den Menschen hat ihre Anzahl auf weniger als 10 000 Individuen reduziert. Weiße Haie kreuzen in den kühlen Gewässern, in denen die Seelöwen Futter suchen, und warten auf eine Gelegenheit, um Alttiere oder Junge anzugreifen.

Kein Tier auf diesem Planeten hat mehr unter den geradezu hysterischen Reaktionen der Öffentlichkeit zu leiden als der Weiße Hai, *Carcharodon carcharias.* Er wird zu Recht gefürchtet, denn seine Kraft und seine Größe sind außerordentlich, und viele halten ihn für den gefährlichsten Hai überhaupt. Ihm werden mehr Angriffe auf Menschen zugeschrieben als jedem anderen Hai, aber man sollte sich bei Statistiken dieser Art vor übereilten Schlußfolgerungen hüten. Die meisten Haiattacken passieren in den Tropen, doch Weiße Haie sind dort eher selten. Große, massige Charcarhiniden (Fam. Blauhaie), wie der Gemeine Grundhai, hingegen kommen in warmen Gewässern häufig vor. Wahrscheinlich verursachen sie die meisten Unfälle mit Badegästen, doch es ist unter so gefährlichen und erschreckenden Umständen oft nicht möglich, einen Hai genauer zu identifizieren, und dann können solche „Geschehnisse" selten einer bestimmten Art zugeordnet werden. Wenn andererseits wirklich ein Weißer Hai der Angreifer ist, dann wird er fast immer erkannt. Oft genügt allein seine Größe, doch es gibt noch andere einfach auszumachende Merkmale — so z.B. der große Kopf mit der spitzen Schnauze und den schwarzen, leblosen Augen. Die einzigen anderen Haiarten, die mit dem Weißen Hai verwechselt werden könnten, sind andere Makrelenhaie, aber keiner wird auch nur annähernd so groß wie der Weiße Hai. Ohne Zweifel ist der Ruf des Weißen Haies als Menschenfresser übertrieben. Es stimmt sicher nicht, daß jeder Weiße Hai jeden Schwimmer oder Taucher, auf den er trifft, automatisch angreift. In einigen Fällen sind Weiße Haie auf einen Taucher zugeschwommen, haben ihn genauer in Augenschein genommen und haben dann kehrtgemacht. So hat es Don Nelson bei den Florida Keys selbst erlebt. Es ist aber durchaus möglich, daß ein Schwimmer in einem Gebiet, in dem Seehunde und Seelöwen leben, irrtümlich von einem Weißen Hai angegriffen wird, der ihn mit seiner Lieblingsbeute verwechselt. Ein solches „Versehen" ist dann besonders wahrscheinlich, wenn der Schwimmer einen nassen, schwarzen Taucheranzug und Flossen trägt.

Das Erstaunlichste bei Angriffen von Weißen Haien auf Menschen ist für mich, daß die meisten Opfer *überleben.* Denkt man an die ungeheure Kraft und die rasiermesserscharfen Zähne dieser Art, dann wird deutlich, daß ein Weißer Hai sein Opfer sehr schnell töten könnte, wenn er wollte. Doch oft beißt der Hai sein menschliches Opfer nur einmal und bricht dann seinen Angriff ab. Vielleicht merkt der Hai, daß er nicht seine gewöhnliche Beute gegriffen hat, und läßt sein Opfer los. Andererseits ist es auch möglich, daß das zum normalen Verhalten des Haies gehört — vielleicht, um seine verwundbaren Augen davor zu schützen, von seiner Beute im Todeskampf verletzt zu werden. Es ist bekannt, daß Weiße Haie die Beute, die sie gerade gebissen haben, umkreisen; möglicherweise wollen sie den Tod des Opfers abwarten, bevor sie herankommen, um zu fressen.

Was auch immer die Gründe für diese Haiattacken sein mögen, die Zahl der Leute, die pro Jahr von einem Weißen Hai getötet werden, ist sehr klein. Vor der kalifornischen Küste, wo Weiße Haie relativ häufig sind (es sind, absolut gesehen, jedoch nur wenige Tiere, die weiten Abstand voneinander halten), wurden dieser Art zwischen 1950 und 1982 einundvierzig Angriffe auf Menschen angelastet. Nur vier davon verliefen tödlich — d.h. durchschnittlich ein Toter alle acht Jahre. Jährlich fallen Tausende von Menschen Verkehrsunfällen zum Opfer, doch niemand macht ernsthaft den Vorschlag, alle Autos zu verschrotten. Man sollte den Weißen Hai als integralen Bestandteil des marinen Ökosystems sehen und nicht als ein Monster, das die rechtmäßige Beute jedes tapferen Sportfischers ist, der sich an sie heranwagt. Obwohl alle Haipopulationen selbst auf eingeschränktes Befischen empfindlich reagieren, ist die Lage beim Weißen Hai besonders bedrohlich. Wenn ein Lebewesen so groß wird wie der Weiße Hai, dann ist es immer ziemlich selten, einfach deshalb, weil für seinesgleichen nicht genug Futter auf engem Raum zu finden ist. Weiße Haie sind selten, werden spät geschlechtsreif und haben eine niedrige Fortpflanzungsrate. Kombiniert man diese Faktoren, dann beginnt man zu verstehen, warum jeder Weiße Hai, der gefangen wird, die Überlebenschancen der ganzen Art verringert. Viele der Fotografen und Filmemacher, die das Glück hatten, dieses Tier näher kennenzulernen, befürchten, daß ihre Aufnahmen schon bald eine ausgestorbene Art dokumentieren.

Der Weiße Hai ist der größte räuberische Hai — nur filtrierende Arten, wie Wal- und Riesenhai, werden größer. Wie groß er maximal werden kann, bleibt bisher ein Geheimnis. Bedenkt man die Mischung aus Furcht und Faszination, die dieses Tier umgibt, so ist es kein Wunder, daß wilde Geschichten über gigantische Weiße Haie kursieren, die wenig mit der Wirklichkeit gemein haben. Einige dieser Stories beruhen wohl ganz einfach auf Irrtümern — so kann man den Riesenhai bei oberflächlicher Betrachtung für einen Weißen Hai halten. Bei anderen hat wohl seemännische Phantasie eine Rolle gespielt. Auch wissenschaftliche Fehleinschätzungen haben zum Mythos des riesigen Weißen Haies beigetragen; eine bezieht sich auf das Gebiß eines Weißen Haies, der vor 100 Jahren bei Port Fairy, Australien, gefangen wurde — der Kiefer befindet sich heute im Britischen Museum. Der Weiße Hai, zu dem diese Kiefer gehören, soll nach den damaligen Berechnungen 11 m lang gewesen sein. Doch 1962 untersuchte der Haispezialist Perry Gilbert das Gebiß erneut und konnte zeigen, daß es nicht größer war als die Kiefer eines Haies, den er kurz zuvor vermessen hatte. Dieser Hai war 5 m lang gewesen. Vielleicht waren die 11 m nur ein Rechen- oder Druckfehler — doch sie gingen als Tatsache in die Annalen ein, und eine weitere Legende um den Weißen Hai war geboren.

Die Berichte sind auch ohne Übertreibungen beeindruckend. Im Sommer 1986 wurde ein männlicher Weißer Hai von über 5 m Länge vor Montauk, Long Island, gefangen, er wog 1565 kg. Man weiß, daß diese Tiere sogar noch größer werden können, und es gibt glaubwürdige Berichte über Weiße Haie, die bis zu 6,40 m maßen. Es bleibt offen, ob das die Maximalgröße ist. Dr. John Randall vom Britischen Museum in Honolulu vermutet, daß sich in der Hochsee vor Südaustralien Exemplare von ca. 8 m Länge herumtreiben; er schließt das aus den riesigen Bißwunden, die er an Walkadavern aus diesen Gewässern fand.

Wie groß unser heutiger Weißer Hai auch immer werden mag, er erreicht nicht die Ausmaße seines prähistorischen Vorfahren, *Carcharodon megalodon.* Die großen dreieckigen Zähne dieses gigantischen Haies, die denjenigen des rezenten Weißen Haies in vielem ähneln, sind als Fossilien erhalten geblieben. Diese Zähne, die über 13 cm lang sein können, lassen

Wie Seelöwen leben auf den Inseln vor der Küste Südaustraliens auch Seebärenkolonien. Der Südaustralische Seebär, *Arctocephalus doriferus*, ist weit weniger aggressiv als ein Seelöwen-Nachbar. Dieses Jungtier beobachtet mich ohne Scheu, als ich es aufnehme. Die Alttiere dösen in der Sonne, während die Jungen in Gruppen in den Gezeitentümpeln herumplantschen und allerlei Schabernack treiben.

vermuten, daß der Träger eines so bestückten Gebisses 12–13 m lang gewesen sein muß! Dieser Goliath von einem Hai ist heute ausgestorben, wenn auch – evolutionsbiologisch gesehen – vor gar nicht so langer Zeit. Manche Wissenschaftler gehen davon aus, daß diese Art noch vor 50 000 Jahren die Meere durchzogen hat.

Wie seine heute lebenden Nachfahren ernährte sich diese Riesenform wahrscheinlich von allem Tierischen, das ihm in die Quere kam – große Räuber dürfen nicht wählerisch sein, was den Geschmack angeht. Der Weiße Hai verschlingt u.a. Knochenfische, andere Haiarten, Vögel und Meeressäuger. Mit seinen kräftigen, gesägten Zähnen kann er auch mächtige Fleischbrocken aus einer größeren Beute, wie Walen, herausbeißen; es ist möglich, daß er sie buchstäblich bei lebendigem Leibe auffrißt. Weiße Haie fallen auch ohne Zögern tote Vertreter ihrer eigenen Art an, ein grausiges Schauspiel, das filmisch dokumentiert ist.

Obwohl sie von gemäßigten Gewässern bis in die Tropen weit verbreitet sind, ziehen Weiße Haie im allgemeinen kühlere Gewässer vor. Hier sammeln sie sich häufig in der Nähe von Seelöwen- oder Seehundkolonien. Überall dort, wo es große, gesunde Populationen dieser Meeressäuger gibt, da gibt es wahrscheinlich auch gelegentlich Weiße Haie. Solche Gebiete umfassen die Südküste von Australien, die Südausläufer des afrikanischen Kontinents und Zentralkalifornien, doch es existieren vermutlich viele weitere, kleinere Areale, die regelmäßig von dieser Art aufgesucht werden. Im Januar 1985 reiste ich nach Südaustralien, um Weiße Haie zu fotografieren. Carl Roessler, ein bekannter Unterwasserfotograf, organisiert solche Expeditionen seit Jahren; er arbeitet mit Rodney Fox zusammen, der selbst den Angriff eines Weißen Haies überlebt hat und ein Experte für das Verhalten dieser großen Haie ist.

Wir erreichten Port Lincoln, einen Fischerort an der Küste Südaustraliens und brachten unsere schwere Kameraausrüstung an Bord der *Nenad*, eines stabilen Krabbenfischer-Bootes von etwa 18 m Länge. Wir planten, am nächsten Tag zu einem einwöchigen Trip aufzubrechen. Am Oberdeck der *Nenad* standen zwei von Rodney entwickelte und gebaute gelb-orangefarbene Haikäfige. Jeder besaß Öffnungen, durch die man eine Kamera ausrichten konnte. Sie erschienen mir erstaunlich groß, sicherlich konnte ein kleiner Hai seinen Kopf hindurchstecken, wenn er wollte. Doch Rodney versicherte mir, daß alle Weißen Haie, die bisher aufgetaucht waren, über 3 m maßen. Die kleinsten wären vielleicht gerade noch in der Lage, ihre Schnauze durch die Löcher zu quetschen, aber nicht dazu, ihr Maul anschließend zu öffnen!

An diesem Nachmittag fing ein örtlicher Fischer einen Weißen Hai, den er am Ende der Pier ausstellte. Rodney und ich gingen hin und sahen ihn uns an. Mein erster,leider jedoch toter, Weißer Hai baumelte, am Schwanz aufgehängt, von einem Gerüst auf der Mole. Es war ein Männchen (wie die meisten Weißen Haie in dieser Gegend), und die Klasper standen obszön von seinem Bauch ab. Die untere Körperhälfte nahm langsam eine schmutzige, grauschwarze Leichenfärbung an, und das Weiß des Bauches wies rosa Striemen auf. Der Hai war etwas über 3 m lang. Purpurfarbenes Blut tropfte aus seiner zerschlagenen Schnauze und sammelte sich in einer Lache. Neben ihm strahlte der Fischer in eine Fernsehkamera, der Held der Stunde.

Ein Weißer Hai weniger. Ich versuchte mir vorzustellen, wie dieser Hai unter Wasser ausgesehen hatte, doch da er mit dem Kopf nach unten hing, war seine Gestalt grotesk verformt. Die Gedärme waren in den Brustraum gefallen und gaben ihm das Aussehen eines Body-Builders – breite Brust und schmale Taille. Ich trat aus dem Weg, so daß das Kamerateam noch mehr Aufnahmen von dem grinsenden Fischer machen konnte. Nach ein paar Minuten gingen wir wieder, äußerlich höflich, innerlich jedoch abgestoßen.

Als wir die Pier entlang zurückschlenderten, bemerkte ich, daß ein Areal im Wasser, etwa halb so groß wie ein Tennisplatz, völlig von einem Metallzaun umschlossen war. Ich fragte Rodney, was das bedeute, obwohl ich die Antwort bereits ahnte — eine „Sicherheitszone zum Baden und Schwimmen". Der Weiße Hai wurde in meiner Phantasie wieder zu einem kraftvollen und gefährlichen Lebewesen, nicht länger nur ein zerschundener Kadaver, den ein Fischer aufgehängt hatte. Ich blickte hinaus aufs Meer, über den Hafen von Port Lincoln. Irgendwo da draußen kreuzte ab und zu ein Weißer Hai im kalten, trüben Wasser.

Früh am nächsten Morgen war unser Boot voll beladen und bereit zum Ablegen. Schon begannen Pferdefleisch und Thunfisch, die wir zum Ködern mitgenommen hatten, zu riechen. Wir hatten sieben Tage, um einen Weißen Hai zu finden — oder besser, er hatte sieben Tage Zeit, uns zu finden. Zwei Stunden von Port Lincoln entfernt ankerten wir vor einer kleinen Insel, Hopkins Island. Die blonden Seelöwen, die auf den Felsen in der Sonne gebadet hatten, sprangen ins Wasser, um uns zu begrüßen, und wir fotografierten sie, wie sie ihre Pirouetten im seichten Wasser drehten. Doch wo es Seelöwen gab, da waren möglicherweise auch Weiße Haie nicht fern — sobald wir unsere Aufnahmen gemacht hatten, kehrten wir auf das Boot zurück.

Anderthalb Stunden später erreichten wir Dangerous Reef, einen kleinen Felsbrocken, bedeckt von Möwen und Seelöwen. Das Riff heißt so (dangerous = gefährlich), weil es ein Risiko für die Schiffahrt in dieser Region darstellt, doch für uns hatte der Name eine besondere Bedeutung. Wir ankerten 100 m vor dem Riff und legten eine Duftspur aus. Rodney schüttete einen Becher mit Blut und anderen Zutaten ins Wasser. Die genaue Zusammensetzung seines Gebräus ist ein Geheimnis. Wenn die Fischer sie kennten, würden sie noch mehr Haie fangen. Halb erwartete ich, innerhalb der ersten 10 Minuten einen Weißen Hai zu sehen, doch ich wurde enttäuscht. Keiner kam, weder an diesem Tag noch am nächsten Tag. Wir warteten fünf lange Tage, bevor wir auch nur die Flossenspitze eines Weißen Haies sahen. Die ganze Zeit über färbte die blutige Spur die Wasseroberfläche rund um unser Schiff dunkel. Alle paar Minuten, Tag und Nacht, kippte einer von uns einen weiteren Becher Blut über Bord. Rodney vertäute auch Thunfisch- und Pferdefleischköder rund ums Boot; sie hingen an Ballons, damit sie nicht absanken. Wenn ein Hai die Köder annähme, würden wir es bemerken.

Nach zwei Tagen verschlechterte sich das Wetter, und wir mußten Dangerous Reef verlassen. Wir suchten in einer Bucht am Festland für einen Tag Unterschlupf und machten uns dann zu zwei anderen Inseln, den South Neptunes, auf, die eine große Anzahl von Seelöwen und Seebären beherbergten — von solchen Kolonien werden Weiße Haie magnetisch angezogen.

Während wir zwischen den beiden South Neptune Inseln vor dem schneidenden Wind, der uns ins Gesicht blies, Schutz suchten, konnten wir die Seelöwen und Pelzrobben am Strand lärmen hören. Möwenschwärme segelten über der Brandung, und die Seebären suchten einander durch pompöse Schaustellungen zu imponieren. Der Wind machte uns müde und reizbar, und der Gestank des Pferdefleisches trug nicht dazu bei, unsere Stimmung zu bessern. Ein weiterer langer, ereignisloser Tag verstrich. Die ganze Nacht schütteten wir Blut ins Wasser, das Strömung und Wind weiter in die offene See hinaustrieben. Aber ohne Erfolg.

Nächste Seite
Unbeholfen und aggressiv an Land, flirten Seelöwen unter Wasser spielerisch mit dem Taucher. Hier umtänzelt mich eine Gruppe Mütter mit ihren Jungen. Ein Bulle äugt mißbilligend hinter den Luftblasen hervor, die ein Jungtier aufsteigen läßt.

Dann, als es Abend wurde, entdeckte Rodney plötzlich etwas. Ein Schatten vorm Heck, vielleicht. Selbst er konnte nicht sagen, was es gewesen war. Er zog eine der Leinen ein, an denen ein Ballon und ein Thunfischköder befestigt waren — aber der Köder war weg. Die Leine, an der der Köder gehangen hatte, war wie mit einer Schere durchschnitten. „Das war ein Hai", sagte er einfach. In diesen Gewässern läßt sich nur der Weiße Hai mit einer Duftspur oder toten Fischen anlocken, so war es klar, daß wir das Tier gefunden hatten, auf das wir so lange gewartet hatten. Aber der Hai blieb nicht lange. Wir sahen ihn einmal, ein großer dunkler, torpedoförmiger Schatten, der knapp unter der Oberfläche kreuzte. Dann war er verschwunden. Rodney meinte, das sei nicht ungewöhnlich. Ein Weißer Hai könne einmal kurz auftauchen, sich ein Stück Thunfisch schnappen und alle Erwartungen wecken, nur um dann wieder zu verschwinden — vielleicht für Minuten, vielleicht für Stunden, vielleicht für immer. Weiße Haie haben es meist nicht eilig, sie müssen zum Fressen regelrecht „überredet" werden.

Am nächsten Morgen war von unserem Hai nichts zu sehen. Nur zweieinhalb Tage noch — wir hielten einen Krisenrat ab und beschlossen, nur noch bis Nachmittag an den South Neptune Inseln zu bleiben. Wenn sich bis dahin nichts getan habe, wollten wir am Abend nach Dangerous Reef zurückkehren.

Aber der Nachmittag kam, und noch nicht einmal der Schatten eines Haies hatte sich blicken lassen; wir wurden immer nervöser. Schließlich beschlossen wir, sofort nach Dangerous Reef aufzubrechen. Während wir den Anker hievten, fragten wir uns, ob wir uns wohl richtig entschieden hätten. Wir erreichten Dangerous Reef am späten Nachmittag und begannen sofort damit, Rodneys Gebräu über Bord zu schütten.

Es schien, als ob sich unser Rad endlich wenden wollte, und zwar dramatisch. Nur eine Stunde später sahen wir einen Hai, grauschwarz, massig und aufgeregt, der bei schwindendem Tageslicht unter unserem Boot hin- und herschwamm. Wir beobachteten ihn, bis es dunkel wurde. Jetzt standen wir vor der schwierigen Aufgabe, ihn bis zum Morgen, wenn wir fotografieren konnten, am Boot zu halten. Die Enttäuschung bei den South Neptune Inseln war uns allen noch frisch im Gedächtnis. In der Nacht kam und ging er, angelockt von der Duftspur, die Rodney alle paar Minuten erneuerte; er nahm auch ein oder zwei von den Ködern an. Niemand an Bord schlief viel in dieser Nacht.

Früh am nächsten Morgen ließen wir die Käfige zu Wasser. Aber kein Hai war zu sehen. Zwei lange Stunden vergingen, während wir an Deck auf irgendein Aktivitätssignal im Wasser warteten. Da plötzlich, um 9.15 Uhr, rief Carl, daß der Hai wieder da sei. Ein langgestreckter Schatten glitt dicht unter der Oberfläche auf einen der Köder zu, schnappte sich ein Stück Thunfisch und tauchte dann ab. Wir konnten seine Umrisse gegen den hellen Sandgrund tief unten erkennen. Dann kam er zurück zur Oberfläche. Eine halbe Stunde lang fotografierten wir ihn vom Boot aus, wie er hin- und herschoß. Seine graue Rückenflosse zerschnitt die Wasseroberfläche, dann schnellte sein breiter Kopf mit der spitz zulaufenden Schnauze aus dem Wasser, um einen weiteren Thunfisch von der Leine zu beißen.

Es lief gut — der Hai war wieder da, und er fraß. Rodney hatte das Gefühl, der Hai werde noch eine Weile beim Boot bleiben. Wir zogen unsere Anzüge an und versuchten, unsere Aufregung zu kontrollieren und

Mein erstes Foto eines Weißen Haies, als er die Wasseroberfläche durchbricht und sein Gebiß entblößt. In seiner Erregung über die verlockenden Gerüche um ihn herum hat er sich auf den Rücken gewendet.

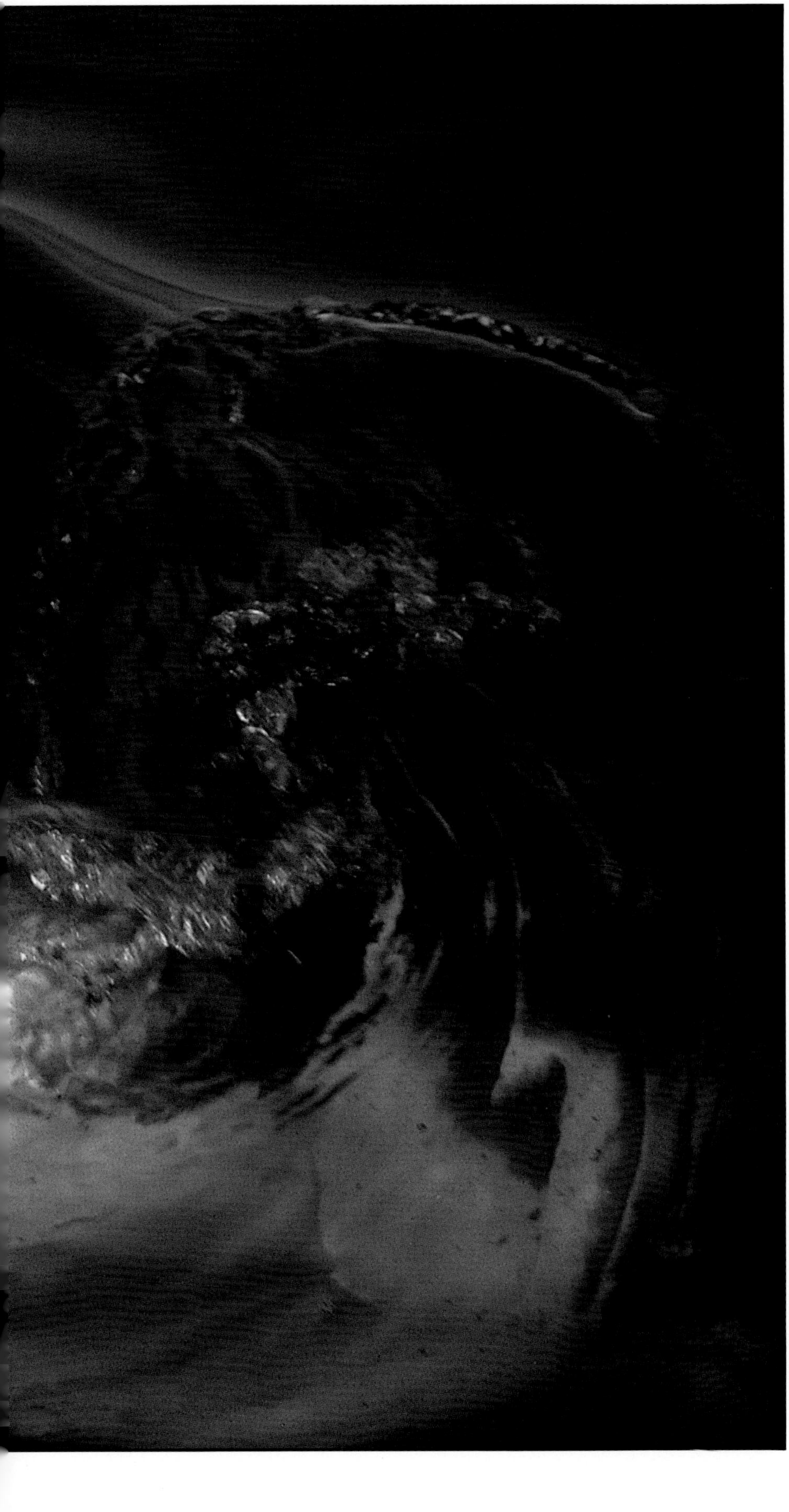

Als dieser Weiße Hai wieder neben der *Nenad* auftaucht, hält er einen Moment an der Oberfläche inne und sieht mir direkt in die Augen — eine unheimliche Situation.

Nächste Seite
Von der Duftspur angelockt, schwimmt ein Weißer Hai auf die *Nenad* zu. Die kleinen Fische, die Fleischbröckchen vom Köder gepickt haben, stieben auseinander, als er sich dem Käfig nähert, in dem wir warten.

uns aufs Fotografieren zu konzentrieren. Ich war gerade soweit, beladen mit meiner Ausrüstung und behängt mit Gewichten, in den Käfig zu steigen, als der Skipper rief, er habe einen weiteren Hai tiefer unten ausgemacht, der direkt auf das Boot zukomme. Halb stolperte, halb fiel ich in den Käfig. Das Wasser war erschreckend kalt. Hunderte kleiner Fische schwärmten hungrig rund um den Käfig und pickten sich kleine Fleischbröckchen aus der Duftspur. Carl war neben mir, balancierte seine Kameras und grinste mich an. Ich schaute mich um, konnte aber keinen Hai entdecken, also überprüfte ich nochmals meine Kamera und wartete. Dann spürte ich Carls Ellenbogen in meinen Rippen und wandte mich um. Der Hai kreuzte hinter den kleinen Fischen, fett und fahl und lautlos. Seine Größe war erstaunlich. Vom Boot aus war er mir viel schmaler erschienen — hier, im Käfig, sah ich, wie massig das Tier war, eher ein Unterseeboot als ein Hai. Sein Rücken war hellgrau gefärbt, die Bauchseite leuchtend weiß. Er schien auch anders zu schwimmen als alle anderen Haie, die ich bisher beobachtet hatte. Der bullige Rumpf blieb unbeweglich, fast starr. Dahinter, wie losgelöst vom Körper, schlug die halbmondförmige Schwanzflosse, grau mit weißen Tupfen. Der Hai maß wohl etwas mehr als 4 m und wog wahrscheinlich über 1 Tonne.

Der Kopf trug von Kämpfen mit Rivalen oder Opfern tiefe Narben. Zudem war er von den langen Kiemenschlitzen bis zur Schnauzenspitze so eigenartig geformt, daß er je nach Blickwinkel ein ganz anderes Äußeres annahm. Von vorn, da gab es nur dieses einzigartige Grinsen; die Augen, groß und starr, blickten leblos — mattschwarz, alles sehend und doch wie blind.

Seine Größe schien nicht in unsere moderne, sichere Welt zu passen. Ich erinnerte mich daran, daß Rodney gesagt hatte, jedesmal, wenn er einen

Links
Zu ungehemmter Wildheit fähig, kann der Weiße Hai andererseits auch sehr geduldig sein. Dieser schwimmt an einem aufgehängten Pferdefleischköder vorbei, ohne ihn zu nehmen. Das Wasser ist blutig verfärbt, doch der Hai bleibt ruhig und vorsichtig.

Oben: Die tiefen Narben am Auge dieses Haies sind Erinnerungen an die Gegenwehr eines Seelöwen oder -bären. Wenn der Hai seine Beute packt, rollt er seine Augäpfel nach innen. Die Augen erscheinen dann, weil die Sklera (Lederhaut) außen liegt, weiß, die Pupille liegt geschützt im Inneren des Schädels.

Weißen Hai sähe, sei er erstaunt über dessen gewaltige Ausmaße, und Rodney hat sicherlich mehr Weiße Haie in seinem Leben gesehen als sonst jemand. „Wenn du einen Weißen Hai vom Käfig aus siehst, dann fragst du dich, wie irgend etwas – geschweige denn ein Hai – so groß sein kann", hatte er ein paar Nächte zuvor gesagt. Ich wußte jetzt, daß recht hatte.

Der erste Hai drehte ab und war nach wenigen Schwanzschlägen aus unserem Gesichtsfeld verschwunden, doch der andere, kaum kleinere Hai näherte sich dem Köder. Das helle Sonnenlicht durchdrang die obere Wasserschicht, und er glänzte silbrig, als er heranschwamm. Ich erwartete, daß er das Pferdefleisch schnappen und sich davonmachen würde. Seine mit Narben verunzierte, spitze Schnauze zerschnitt das Wasser. Er prüfte den Köder, doch dann glitt er, ohne sichtbar zu reagieren, daran vorbei. Er schwamm jetzt genau vor dem Käfig, seine Brustflossen ausgebreitet wie

Diesmal schnappt der Hai den Köder ohne Zögern. Er verschluckt den Fleischbrocken mit einem lässigen Gähnen und entblößt dabei Reihen weißer, dreieckiger Zähne. Die dicke Nylonschnur wird mühelos durchtrennt. Ein Weißer Hai öffnet sein Maul weiter, als es nötig scheint, und lange, bevor er zubeißt.

Flügel, dann der dicke Bauch und der kraftvoll schlagende Schwanz. In einem langgezogenen Bogen kehrte er schließlich zum Köder zurück und steuerte direkt auf ihn zu. Diesmal war ich überzeugt, er würde ihn nehmen, doch er änderte die Stellung seiner Flossen kaum merklich und schwamm an dem Fleischbrocken vorbei, ohne ihn zu berühren. Dann war er verschwunden.

Carl und ich spähten in das kalte Wasser, das noch immer von Rodneys Gebräu verfärbt war. Die kleinen Fische schwärmten um uns herum und sammelten sich bei unserem Käfig, doch die Haie hatten sich zurückgezogen. Dann entdeckte ich tief unten, über dem tangbewachsenen Sandboden, die dunkle Silhouette eines Haies. Auch ein großer Rochen, über 2 m lang, glitt träge über den Grund. Der Hai folgte dem Rochen eine kurze Strecke, doch das schien den Rochen nicht sehr zu beunruhigen. Er änderte seinen

Nächste Seite
Ein anderer Weißer Hai schwimmt an unserem Käfig dicht unter der Oberfläche vorbei. Sonnenstrahlen tanzen auf seinem Rücken. Obwohl der Schwanz selbst nicht zu sehen ist, kann man den Kiel seiner Schwanzflosse erkennen.

Kurs, und der Hai schwamm davon. Plötzlich erhielt ich einen Rippenstoß von Carl und sah, als ich mich umdrehte, den schlagenden Schwanz eines großen Weißen Haies auf dem Rückzug. Der Thunfisch, den wir als Köder aufgehängt hatten, war verschwunden. Carl schüttelte bestürzt seinen Kopf – wie hatten wir beide sein Kommen übersehen können? Ich vermutete, daß der Hai sich absichtlich so heimlich von hinten an uns herangepirscht hatte. Und ich fragte mich, wie viele Seelöwen sich wohl ohne Vorwarnung zwischen diesen unerbittlichen Kiefern befunden haben mögen.

Wieder waren wir allein im Wasser, suchten die Umgebung ab und spähten zum Grund hinab. Minuten vergingen. Vielleicht waren die Haie ganz verschwunden. Doch dann sah ich einen von der Seite her geradewegs auf den neuen Köder zusteuern, den Carl und ich vor dem Käfig aufgehängt hatten. Diesmal gab es kein Zögern. Der Hai verschluckte das Pferdefleisch mit einem lässigen Gähnen. Als sich das Maul öffnete, wurden Reihen weißer, dreieckiger Zähne sichtbar. Der Hai zerschnitt die dicke Nylonschnur, die das Fleisch hielt, ohne sie überhaupt zu bemerken. Als er sich mit seiner Beute davonmachte, tauchte plötzlich der größere Hai vor uns auf. Wieder hatte ich den Verdacht, daß er sich herangeschlichen hatte, diesmal verborgen in der trüben Blutwolke – Verschlagenheit kombiniert mit Stärke. Er gähnte, stieß mit seiner Schnauze gegen den Käfig und drehte dann ab; seine weiße Bauchseite funkelte in der Sonne. Bevor er sich davonmachte, ließ er noch einen weiteren Thunfischköder mitgehen. Unterdessen interessierte sich der kleinere Hai für die Insassen des anderen Käfigs. Ich beneidete sie, als ich sah, wie eifrig sie fotografierten.

Irgend jemand an Bord warf ein frisches Stück Thunfisch als Köder hinunter. Ich wollte es vor unserem Käfig aufhängen, daher streckte ich meinen Arm nach der Leine aus, an dem der Fleischbrocken hing. Ich fühlte mich sicher dabei, denn beide Haie kreuzten ein ganzes Stück weiter rechts. Doch als ich nach der Leine griff, sah ich nach links und entdeckte einen dritten Hai, der direkt auf meinen Arm zusteuerte. Ich zog mich schleunigst zurück, und der Hai kreuzte vor mir hin und her. Carl war in den Anblick der beiden anderen Haie versunken, und ich sah ihn verblüfft hochschrekken, als der Neuankömmling an ihm vorbeiglitt. Es war wieder ein Männchen, so groß wie der andere, kleinere Hai – etwas über 3 m.

Die Haie hatten aufgehört zu fressen und kreisten nun umher. Ich bemerkte, daß sie stets einen gewissen Abstand voneinander hielten, und dann sah ich auch, warum. Plötzlich schoß der größere Hai auf einen der beiden kleineren zu. Der kleinere Hai geriet in Panik und stob davon, so schnell er konnte. Er hatte sichtlich Heidenangst vor seinem größeren Artgenossen.

Mir wurde allmählich kalt, und meine Luft wurde knapp, daher kletterte ich wieder an Bord der *Nenad.* Auch Carl war an Deck gegangen, um sich aufzuwärmen, so daß ich bei meiner Rückkehr den ganzen Käfig für mich alleine hatte und von allen Positionen aus Aufnahmen machen konnte. Doch die Haie kreisten in weiter Entfernung, und obwohl ich mehrere Stunden lang ausharrte und geduldig Pferdefleisch- und Thunfischköder rund um den Käfig aufhängte, kamen sie nicht heran, um zu fressen. Das Licht wurde schwächer, die beste Zeit zum Fotografieren war vorbei. Dennoch wartete ich und beobachtete diese unglaublichen Tiere. Schließlich, als es dämmerte und zum Fotografieren bereits zu dunkel war, begannen die Haie wieder zu fressen. Sie umkreisten den Käfig, und dann kamen sie näher, einer nach dem anderen, um sich die Köder einzuverleiben. So kann es einem ergehen, der auszog, um Haie zu fotografieren...

Der nächste Tag war unser letzter – ein sonniger, ruhiger Tag, für unser Vorhaben ideal geeignet. Und die Haie waren die Nacht über geblieben

und kreuzten geduldig vor unserem Heck. Unser Glück hatte sich wieder eingefunden! Wir zogen unsere Anzüge an und stiegen in die Käfige. Wieder erfüllten uns Größe und groteske Majestät dieser Tiere mit Bewunderung. Es waren jetzt mehr Haie als vorher rund um das Boot versammelt. Vier kreuzten an der Oberfläche und einige etwas tiefer. Ich erkannte zwei Haie vom Vortag. Die Köder waren an Ort und Stelle, und wir warteten darauf, daß die Haie zu fressen beginnen. In der ersten halben Stunde schenkten sie dem anderen Käfig und den Fleischbrocken rundum ihre Aufmerksamkeit, während Carl und ich mit wachsender Verärgerung zusahen. Doch das gab uns die Gelegenheit, die Haie etwa 12 m unter uns zu beobachten, die über dem Sandgrund ihre Bahnen zogen. Einer war weit größer als die übrigen. Genauer gesagt, er war nur etwas länger, aber von einem fast unglaublichen Umfang. Sein Körper erschien mir mindestens doppelt

Ein 4 m langer Weißer Hai, den Bauch von Futter geschwollen, läßt das Wasser hinter sich aufschäumen, als er sich gegen den Käfig wirft.

Der Eindruck täuscht: der Kopf des Haies ist viel zu groß, als daß er mehr als seine Schnauzenspitze durch die Stäbe stecken könnte. Die Haie rammten das Käfiggitter oft kräftig oder bissen in die Stäbe. Wahrscheinlich verwirrt sie, wenn sie so nah herangekommen sind, das elektrische Feld rund um die Metallstäbe und verdrängt die schwächeren Signale, die von den Ködern ausgehen.

Nächste Seite
Ein Taucher beobachtet einen Weißen Hai, der heranschießt, um nach einem Köder zu schnappen. Gelegentlich fressen mehrere Haie gleichzeitig. Sie nähern sich in schneller Folge, einer nach dem anderen, doch immer in weitem, respektvollem Abstand voneinander und zeigen damit, wie gefährlich ein Weißer Hai selbst für einen Artgenossen sein kann.

so breit wie der seiner Begleiter zu sein. Im Vergleich mit ihm wirkten sie beinahe zierlich. Und doch, als sie nach oben kamen und an unserem Käfig vorüberschwammen, sah ich, wie groß sie waren. Der Riese blieb unten, in der Tiefe, wo er — kaum zu erkennen — seine Bahnen zog. Er würde nicht an die Oberfläche kommen.

Die Stunden vergingen. Lange Zeit umkreisten die Haie unseren Käfig, um ab und zu für wenige Minuten zu fressen. Sie schienen über eine endlose Geduld zu verfügen. Ich war immer mit einem Auge bei dem großen Hai in der Tiefe, aber er blieb unten.

Doch endlich entschloß sich dieser Riese unter Riesen aufzutauchen. Mit erschreckender Kraft und Geschwindigkeit schoß er vom Boden empor. Die anderen Haie, die neben ihm plötzlich klein erschienen, stoben auseinander. Er würdigte den mickrigen Thunfisch und die mageren Pferde-

Ein zubeißender Weißer Hai demonstriert die für Haie typische Fähigkeit, die Schnauze „aus dem Weg“ zu heben und das Gebiß zu entblößen. Die Zähne des Ober- und Unterkiefers treffen wie zwei Scherenblätter aufeinander. Die dicke Nylonschnur bietet diesen beeindruckenden Schneidewerkzeugen keinen Widerstand.

fleischbrocken keines Blickes, als sei dieses miserable Angebot eine Beleidigung für ihn. Beinahe 5 m lang und doppelt so massig wie die anderen Haie, rauschte dieses Ungetüm geradewegs zwischen den Käfigen hindurch und verbiß sich im Ruder, der Schraube und dem Heck der *Nenad*, als ob er einen blutenden Wal töten wolle. Dann begann er, immer wieder um sich beißend, an der Seite des Bootes entlangzuschwimmen. Dabei verhedderte er sich in den Aufhängungsseilen der Käfige und mußte anhalten. Carl und ich wurden gegeneinander geschleudert, als der Hai um seine Freiheit kämpfte. Doch die Taue hielten, und so lag er einen Moment an unserer Seite gefesselt, riesig und grau. Er war fast so breit, wie ich groß bin — fast 2 m — und muß ca. 1500 kg gewogen haben. Carl und ich kauerten in einer Ecke des Käfigs. Es war ein Moment unnatürlicher Ruhe, und wir fragten uns, was wohl als nächstes passieren würde. Der Hai saß in der Falle, ver-

Ganz oben
Der riesige Hai, der das Boot angegriffen hat und bei seinem Versuch, sich zu befreien, buchstäblich in die Luft ging, ist fort. Als er donnernd ins Wasser zurückfiel, schäumte unser ganzes Blickfeld mit Luftblasen, es dauerte 20 Minuten, bis wir wieder etwas sehen konnten. Doch die anderen sind zurückgekommen. Ruhe und Ordnung scheinen wieder eingekehrt, und Rodney hat frischen Thunfisch vor unseren Käfig geworfen. Schon nähert sich ein Hai, und ich beginne zu fotografieren, wie er nach dem Fisch schnappt.

Oben
Ich spähe durch den Sucher und sehe den Hai, als sich der Verschluß öffnet. Ich frage mich, warum er den Köder nicht genommen hat und trotzdem noch da ist, um sich beißend und immer größer werdend. Während ich durch die Kamera blicke, kann ich nicht abschätzen, wie weit der Hai entfernt ist, doch mir wird klar, daß er es auf den Käfig abgesehen hat.

Rechts
Ich sollte mich ins Innere des Käfigs zurückziehen, doch bevor ich diesen vernünftigen Gedanken in die Tat umsetzen kann, füllt das geöffnete Maul des Haies mein ganzes Blickfeld aus. Dann eine gewaltige Erschütterung, als der Hai seinen Oberkiefer über meiner Kamera zwischen die Stäbe rammt. Ich werde durch den Käfig geschleudert und lande unsanft in der entgegengesetzten Ecke. Als erstes überprüfe ich meine Kamera, voller Sorge, daß der Hai sie getroffen hat und das Gehäuse voll Wasser ist. Die Kamera ist unbeschädigt.

strickt in dicke Taue. Doch wir hatten seine ganze Kraft noch nicht kennengelernt. Er erwachte aus seinem Trancezustand, bäumte sich auf und schlug seinen Schwanz mit ungeheurer Gewalt gegen die Seite unseres Käfigs. Die Taue strafften sich, als der Hai nach oben schnellte. Dann war alles, was wir sehen konnten, sein Schwanz, der dicht unter der Oberfläche hin- und herpeitschte, so daß das Wasser schäumte. Der übrige Körper des Haies ragte aus dem Wasser, vorwärts getrieben von seiner enormen Muskelkraft, zurückgehalten von den Tauen. Sekunden vergingen, und er „stand" aufrecht im Wasser wie ein riesiger Delphin. Der Schwanz schlug so schnell, daß seine Konturen verschwammen, als sich der Hai in einem 45°-Winkel vorwärtsbewegte, drei Viertel seines Körpers außerhalb des Wassers. Dann gaben die Taue nach, und er stürzte zurück ins Wasser, von seinen Fesseln befreit. Der große Weiße Hai verschwand wie ein grauer Torpedo in der Tiefe.

Die nächsten Stunden nahmen wir die anderen Haie beim Fressen auf, doch wir waren nicht so recht bei der Sache. Wir alle waren noch wie betäubt von dem, was wir gesehen hatten. Einer der kleineren Haie griff unseren Käfig an; meine Kamera verschwand fast in seinem Maul, als er seinen Kopf zwischen die Stäbe rammte und mich zu Boden warf. Doch es ist der große Hai, an den ich mich immer mit Bewunderung erinnern werde. Als wir unseren gesamten Vorrat an Thunfisch und Pferdefleisch an die Haie verfüttert hatten, kehrten wir an Bord der *Nenad* zurück, völlig erschöpft, aber wie auf Wolken schwebend.

Gerade als wir den Anker lichteten, um nach Port Lincoln zurückzukehren, näherte sich ein Sportfischerboot unserem Anlegeplatz am Dangerous Reef. Die Angelsportler an Bord hofften, einen großen Weißen Hai zu fangen…

Anhang

Haie – Ein Leitfaden

Für viele Leute ist die Vorstellung, einem Hai unter Wasser zu begegnen, beunruhigend, ja angsteinflößend. Doch da Schnorcheln und Gerätetauchen immer populärer werden, lernen mehr und mehr Menschen diese wunderbaren Tiere in ihrer natürlichen Umgebung kennen, und das ist gut so. Sie können aus eigener Anschauung viele der Schauermärchen über Haie, die sich in unseren Köpfen festgesetzt haben, richtigstellen.

Die Frage ist: Was tut man, wenn man unter Wasser auf einen Hai trifft? Meine Antwort ist: Freuen Sie sich darüber, denn es ist höchst unwahrscheinlich, daß der Hai von Ihnen Notiz nimmt. Doch man sollte darauf achten, wie der Hai schwimmt. Wenn er sich langsam bewegt, dann kümmert er sich um seine eigenen Angelegenheiten und verschwindet vermutlich bald wieder. In seltenen Fällen jedoch, wenn Haie aufgeregt oder sehr schnell schwimmen, ist es besser, das Wasser zu verlassen. Solch ein Verhalten sieht man öfter, wenn harpunierte Fische im Wasser bluten oder in der Abenddämmerung, wenn die Haie auf Nahrungssuche gehen. Graue Riffhaie sollte man nicht verfolgen, besonders dann nicht, wenn das Tier zwischen der Wand des Riffs und dem Taucher „in der Falle" sitzt und nur am Taucher vorbei ins offene Wasser gelangen kann. Es sei auch davon abgeraten, einen Hai unter Wasser zu necken oder zu ärgern; selbst die harmlosesten, bodenlebenden Haie können beißen, wenn sie so belästigt werden.

Taucher sind unter Wasser sicherer als an der Oberfläche. Wie unbeholfen Sie sich auch fühlen mögen, wenn Sie einmal unter Wasser am Riff entlang schwimmen, werden Sie für den Hai zu einem Teil seiner normalen Umgebung, während Sie an der Oberfläche eine wasserspritzende Kuriosität sind. Wenn Sie ins Wasser gehen, dann ist es besser, langsam hineinzugleiten, als mit viel Getöse und Gespritze hineinzuspringen. Ich habe Haie gesehen, die sehr aufgeregt auf den Aufruhr reagierten, den manche Leute beim Eintauchen verursachten.

Auf den folgenden Seiten habe ich einige der Haie aufgelistet, die ein Taucher möglicherweise unter Wasser zu sehen bekommt. Einige sind leicht zu erkennen, andere nicht. Viele Merkmale, die man zu einer sicheren Identifizierung eines Haies benötigt, sind für einen Taucher nicht offensichtlich, so z.B. das Vorhandensein oder Fehlen einer Leiste zwischen den beiden Rückenflossen oder die genaue Form und Anzahl der Zähne. Diese präzisen, anatomischen Merkmale benötigt man oft bei der Bestimmung von Carcharhiniden (Fam. Blauhaie), und ohne sie sind nur Vermutungen möglich.

Die Färbung eines Haies variiert innerhalb einer Art je nachdem, aus welchem Teil der Welt ein Exemplar stammt. Zudem erscheint seine Farbe unter Wasser ganz anders als über Wasser. Wasser absorbiert mit zunehmender Tiefe unterschiedliche Farben, und so gehen die feinen Nuancen und Schattierungen am Körper eines Haies bald verloren. In der Tiefe sehen Haie, wie alles andere, mehr oder minder grau aus. Betrachtet man dasselbe Tier jedoch an der Oberfläche, dann glänzt es vielleicht bronzen, silbrig oder golden, oder es ist noch immer einfach grau.

Die Sternchen neben dem Namen eines jeden Haies geben an, für wie gefährlich diese Art gehalten wird. Dabei kennzeichnen **** die höchste Gefahrenstufe. Natürlich sind große Vertreter innerhalb einer Art potentiell gefährlicher als kleinere, da sie gewöhnlich ein breiteres Nahrungsspektrum haben, darunter auch manchmal marine Säuger. Glücklicherweise halten sich diese großen Haie gewöhnlich in größeren Tiefen oder fern der Küste, in der Hochsee, auf, also in Lebensräumen, in die sich selten Taucher verirren.

Typische freischwimmende Haie, die unter Wasser grau oder braun erscheinen; keine auffälligen Flossenmarkierungen.

▼ **Gemeiner Grundhai,** *Carcharhinus leucas*
Aussehen: untersetzt; breite erste Rückenflosse; kurzer, stumpfer Kopf mit kleinen Augen; Flossen gewöhnlich wie der Rumpf gefärbt, bei kleineren Exemplaren manchmal auch dunkler. Größe: kann über 3,40 m lang werden. Verbreitung: ein gefährlicher Flachwasserbewohner, der weltweit in tropischen und subtropischen Gewässern vorkommt. (★★★★)

▼ **Karibischer Riffhai,** *Carcharhinus perezi*
Aussehen: erste Rückenflosse höher als beim Gemeinen Grundhai, mit sehr kurzem Saum zur zweiten Rückenflosse auslaufend; kurze Schnauze und relativ große Augen. Größe: wird über 3 m lang. Verbreitung: vor den Bahamas und in der Karibik häufig, kommt auch an den Riffen Floridas und von den Antillen bis nach Brasilien vor. Große Exemplare können gefährlich sein. (★★★)

▼ **Düsterer Hai,** *Carcharhinus obscurus*
Aussehen: unter Wasser schwierig zu identifizieren; relativ kleine erste Rükkenflosse, zweite Rückenflosse kleiner als die Afterflosse. Größe: erreicht 3,50 m Länge. Verbreitung: ein großer, gefährlicher Hai, der sowohl im Flachwasser als auch in der Hochsee aller tropischen und subtropischen Weltmeere vorkommt. (★★★★)

▼ **Galapagoshai,** *Carcharhinus galapagensis*
Aussehen: wundervoll proportioniert, mit schlankem, stromlinienförmigem Körper und hoher, spitz zulaufender erster Rückenflosse; zweite Rückenflosse etwa so groß wie die Afterflosse. Größe: wird wahrscheinlich ca. 3,50 m lang. Verbreitung: weltweit an ozeanischen Inseln in den Tropen und Subtropen. (★★★★)

▲ **Seidenhai oder Glatthai,** *Carcharhinus falciformis*
Aussehen: schlank mit spitzer Schnauze, kleine, abgerundete erste Rückenflosse, zweite Rückenflosse mit sehr langem Ausläufer. Größe: wird über 3 m lang. Verbreitung: oft in freiem Wasser, kilometerweit vor der Küste anzutreffen. In tropischen und subtropischen Meeren häufig. (★★★)

▲ **Zitronenhai,** *Negaprion brevirostris*
Aussehen: zweite Rückenflosse sehr groß, kaum kleiner als die erste. Größe: wird über 3 m lang. Verbreitung: häufig von der Karibik bis nach South Carolina, USA. Tagsüber können Tieftaucher auf diesen Hai treffen; bei Belästigung reagiert er oft äußerst aggressiv. Im Indopazifik lebt eine nah verwandte Art, *N. acutidens*. (★★)

Typische freischwimmende Haie mit auffälligen schwarzen Markierungen an einigen Flossen

► **Schwarzspitzenhai,** *Carcharhinus limbatus*
Aussehen: variierende schwarze Flossenmarkierungen, doch die Spitzen der Brustflossen sehen von unten stets so aus, als ob sie in schwarze Farbe getaucht worden seien. Schnauze relativ lang und spitz, Rükken bis zur ersten Rückenflosse hochgewölbt. Der Spinnerhai, *C. brevipinna*, sieht sehr ähnlich aus, doch seine Schnauze ist länger, sein Rumpf schlanker und seine Augen kleiner. Größe: gewöhnlich weniger als 2 m. Verbreitung: ein schneller aktiver Flachwasser-Hai tropischer und subtropischer Meere. Gilt als ungefährlich. (★)

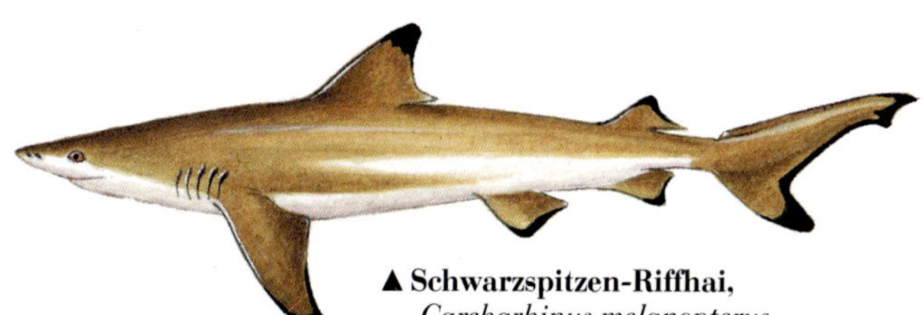

▲ **Schwarzspitzen-Riffhai,** *Carcharhinus melanopterus*
Aussehen: schwarze Spitzen an allen Flossen. Größe: meist unter 1,50 m. Verbreitung: bevorzugt Flachwasserzonen um Korallenriffe im Roten Meer und im Indopazifik. Gilt als ungefährlich. (★)

► **Grauer Riffhai,** *Carcharhinus amblyrhynchos*
Aussehen: deutliche schwarze Kante an der Schwanzflosse; Exemplare aus dem Roten Meer und dem Indischen Ozean weisen an der Vorderkante der ersten Rückenflosse einen weißen Saum auf. Größe: gewöhnlich unter 1,50 m. Verbreitung: an Korallenriffen im Roten Meer und im Indopazifik häufig. Sollte nicht belästigt oder verfolgt werden, da das nach einigen Drohgebärden zu einem echten Angriff führen kann. Graue Riffhaie aus dem Pazifik gelten als aggressiver als ihre Artgenossen aus dem Roten Meer und dem Indischen Ozean. (★★★)

Typische Haie mit auffälligen weißen Markierungen an einigen Flossen

▲ Küsten-Weißspitzenhai,
Carcharhinus albimarginatus
Aussehen: auffällige weiße Kanten an den Flossen. Größe: 2,7 – 3 m. Verbreitung: bevorzugt ins tiefere Wasser hineinragende Ausläufer von Korallenriffen im Roten Meer und im Indopazifik; dort findet man ihn häufig. Größere Exemplare sollte man mit Vorsicht behandeln. (★★)

▼ Weißspitzen-Hochseehai, *Carcharhinus longimanus*
Aussehen: weiße Markierungen an den Flossenspitzen. Größe: gewöhnlich unter 3 m. Verbreitung: weltweit in tropischen und subtropischen Gewässern; überwiegend Hochseebewohner, doch gelegentlich auch an steil abfallenden Riffen zu finden. Sehr dreist — *ein sehr gefährlicher Hai.* (★★★★)

►► Weißspitzen-Riffhai,
Triaenodon obesus
Aussehen: rattenähnliches Gesicht und weiße Spitzen an der ersten Rückenflosse und dem oberen Flügel der Schwanzflosse. Größe: 1,5 m oder weniger. Verbreitung: an Riffen im Roten Meer und im Indopazifik häufig. Gilt als ungefährlich. (★)

Andere Haie, auf die man als Taucher treffen kann

▼ Tigerhai, *Galeocerdo cuvieri*
Aussehen: Die Streifen verblassen mit zunehmendem Alter. Breiter Kopf mit riesigem Maul, breite erste Rückenflosse. Größe: 5,5 m und mehr. Verbreitung: weltweit in tropischen und subtropischen Meeren. *Sehr gefährlich,* doch er verbringt die Tagesstunden in tiefem Wasser, außerhalb der Reichweite von Tauchern. (★★★★)

▼▼ Sandtiger, *Odontaspis taurus*
Aussehen: Zähne sichtbar, erste und zweite Rückenflosse, Bauch- und Afterflossen alle etwa gleich groß. Größe: kann mehr als 3 m lang werden. Verbreitung: im Flachwasser tropischer und gemäßigter Meere. Nicht besonders gefährlich. (★)

▲ Ammenhai, *Ginglymostoma cirratum*
Aussehen: Nasenbarteln sichtbar, erste Rückenflosse entspringt über oder hinter dem Ursprung der Bauchflossen. Größe: bis zu 3 m. Verbreitung: tropische und gemäßigte Meere; ruht tagsüber oft in Höhlen und Spalten im Riff und reagiert bei Störung aggressiv. (★)

▼ Bogenschnäuziger Hammerhai, *Sphyrna lewini*
Aussehen: schwarze Spitzen an der Unterseite der Brustflossen, relativ kleine zweite Rückenflosse. Größe: selten mehr als 3,5 m. Verbreitung: wie der Große Hammerhai. Bei großen Exemplaren ist Vorsicht geboten. (★★)

▲ Großer Hammerhai, *Sphyrna mokarran*
Aussehen: rechteckige Kopfform mit Einkerbung in der Mitte der Vorderkante, sehr hohe Rückenflosse, zweite Rückenflosse etwa so groß wie die Afterflosse. Größe: kann mindestens 5,5 m lang werden, vielleicht noch länger. Verbreitung: weltweit in tropischen und subtropischen Meeren, im Flachwasser als auch in der Hochsee. *Große Exemplare gelten als sehr gefährlich.* (★★★★)

▼ Glatter Hammerhai, *Sphyrna zygaena*
Aussehen: Kopf ohne Einkerbung in der Mitte; erste Rückenflosse setzt vor den Bauchflossen an. Größe: wird über 3,6 m lang. Verbreitung: weltweit. Große Exemplare können gefährlich werden. (★★)

Weiterführende Literatur

Da ich kein Wissenschaftler bin, habe ich mich, was Klassifizierung, Verteilung und Biologie der Haie betrifft, auf die Veröffentlichungen anderer Autoren gestützt (s. Referenzliste). Von diesen Arbeiten möchte ich besonders Compagno's Artenkatalog herausstellen; dieses Werk behandelt jede bekannte Haiart ausführlich und war meine Hauptinformationsquelle.

Baldridge, H. David: *Shark Attack.* Everest, London, 1976

Böhlke, James E. und Chaplin, Charles C. G.: *Fishes of the Bahamas.* Livingston, Philadelphia, 1970

Castro, José I.: *The Sharks of North American Waters.* A & M University Press, Texas, 1983

Cohen, Joel L. und Gruber, Samuel H.: *Spectral Sensitivity and Purkinje Shift in the Retina of the Lemon Shark, Negaprion brevirostris (Poey).* Vision Research, Vol 17, Pergamon Press, Oxford, 1976

Compagno, Leonard J. V. FAO: *Species Catalogue,* Vol 4, Parts 1 and 2 *Sharks of the World.* Food and Agriculture Organisation, Rome, 1984

Cousteau, Jacques-Yves und Cousteau, Philippe: *The Shark: Splendid Savage of the Sea.* Cassell, London, 1971

Ellis, Richard: *The Book of Sharks.* Robert Hale, London, 1983

Garrick, J. A. F.: *Sharks of the Genus Carcharhinus.* National Oceanic and Atmospheric Administration Technical Report, National Marine Fisheries Service, Circular 445, United States Department of Commerce, Seattle, 1982

Gruber, Samuel H. and Myrberg, Arthur A.: *Approaches to the Study of the Behaviour of Sharks.* Amer. Zool. 17, 1977

Gruber, Samuel H. and Zlotkin, Eliahu: *Bioassay of Surfactants as Shark Repellents.* Naval Research Reviews, Vol XXXIV, Arlington, Va, 1982

Gruber, Samuel H., Hamasaki, D. H. und Bridges, C. D. B.: *Cones in the Retina of the Lemon Shark (Negaprion brevirostris).* Vision Research, Vol 3, Pergamon Press, Oxford, 1963

Gruber, S. H., Zlotkin E. and Nelson, D. R.: *Shark Repellents: Behavioural Bioassays in Laboratory and Field.* Toxins, Drugs, and Pollutants in Marine Animals, Springer-Verlag, Berlin Heidelberg, 1984

Gruber, Samuel H. and Cohen, Joel L.: *Visual System of the Elasmobranchs: State of the Art 1960–1975* from *Sensory Biology of Sharks, Skates and Rays.* Office of Naval Research, Arlington, Va, 1978

Hass, H. und Eibl-Eibesfeldt, I.: *Der Hai.* C. Bertelsmann, München, 1977. Ein Klassiker, der noch immer lesenswert ist!

Keller, J. (Hrsg.): *Haie.* Jahr-Verlag, Hamburg, 1990. Das Buch besticht vor allem durch seine faszinierenden Fotos und seinen guten systematischen Teil.

Klimley, A. Peter and Nelson, Donald R.: *Diel movement patterns of the scalloped hammerhead shark (Sphyrna lewini) in relation to El Bajo Espiritu Santo: a refuging centralposition social system,* Behavioural Ecology and Sociobiology. Springer-Verlag, Berlin Heidelberg, 1984

McKibben, James N. and Nelson, Donald R.: *Patterns of movement and groupings of grey reef sharks, Carcharhinus amblyrhynchos, at Enewetak, Marshall Islands.* Bulletin of Marine Science, 1986

Moy-Thomas, J. A.: *Palaeozoic Fishes.* 2nd Edition, Chapman and Hall, London, 1971

Nelson, Donald R., Johnson, Robert R., McKibben, James N. and Pittenger, Gregory G.: *Agonistic attacks on divers and submersibles by grey reef sharks, Carcharhinus amblyrhynchos: antipredatory or competitive?* Bulletin of Marine Science, 1986

Nelson, Donald R.: *Shark Attack and Repellency Research: An overview.* From *Shark Repellents from the Sea.* American Association for the Advancement of Science, Selected Symposium Westview Press, Colorado, 1983

Norman, J. R.: *A History of Fishes.* 3rd Edition, Ernest Benn, London, 1975

Randall, Dr. John E.: *Sharks of Arabia.* Immel, London, 1986

Rowlands, Peter: *The Underwater Photographer's Handbook.* Macdonald, London, 1983

Smith, J. L. B.: *The Sea Fishes of Southern Africa.* 5th Edition, Central News Agency Ltd, Johannesburg, 1965

Steel, Rodney: *Sharks of the World.* Blandford Press, Poole, 1985

Stonehouse, Bernard: *Sea Mammals of the World.* Penguin, Harmondsworth, 1985

Tait, R. V.: *Elements of Marine Ecology.* 3rd Edition, Butterworths, London, 1983

Wallett, Tim: *Shark Attack in South African Waters and Treatment of Victims.* C. Struik, Cape Town, 1983

Watson, Lyall: *Whales of the World.* Hutchinson, London, 1985

Wheeler, Alwyne: *The World Encyclopedia of Fishes.* Macdonald, London, 1985

Young, J. Z.: *The Life of Vertebrates.* 2nd Edition, Oxford University Press, Oxford, 1962

Index

(*kursiv* gesetzte Seitenzahlen weisen auf Abbildungen hin)

Dank

Ich möchte allen danken, ohne deren Unterstützung dieses Buch nicht zustande gekommen wäre. Sehr dankbar bin ich Mike Braun, Bob Britcher, Rodney Fox, Jack Garrick, Bob Halstead, Jack Jackson, Giles Maynard, Dan McSweeney, Jack Randall, Mateo Ricov, Carl Roessler, Ron Schatman und Jeff Tatelman für ihren Rat und ihre sachkundige Hilfe.

Und schließlich gilt mein besonderer Dank Samuel Gruber und Donald Nelson, ohne deren Wissen und tatkräftige Hilfe dieses Buch nicht so geworden wäre, wie es ist.

Jeremy Stafford-Deitsch

Die Übersetzerin ihrerseits möchte Sabine Niehaus-Fießer, Dr. Wilhelm Fießer und Jan Osterloh für ihre Unterstützung bei der Formulierung der deutschen Fassung des Buches danken.